新时代中国特色社会主义发展战略研究丛书

新进步

中国特色社会主义生态文明发展战略

孙岩　苏玉◎著

U0289334

人民日报出版社

北京

图书在版编目（CIP）数据

新进步：中国特色社会主义生态文明发展战略 / 孙岩，苏玉著. — 北京：人民日报出版社，2024.3

ISBN 978-7-5115-7419-0

Ⅰ. ①新… Ⅱ. ①孙… ②苏… Ⅲ. ①生态环境建设—发展战略—中国 Ⅳ. ① X321.2

中国国家版本馆 CIP 数据核字（2022）第 129998 号

书　　名：新进步：中国特色社会主义生态文明发展战略
XINJINBU: ZHONGGUO TESE SHEHUIZHUYI SHENGTAI WENMING FAZHAN ZHANLUE

作　　者：孙　岩　苏　玉

出 版 人：刘华新
责任编辑：葛　倩
版式设计：九章文化

出版发行：人民日报出版社

社　　址：北京金台西路 2 号
邮政编码：100733
发行热线：(010) 65369527　65369512　65369509
邮购热线：(010) 65369530　65363527
编辑热线：(010) 65363486
网　　址：www.peopledailypress.com
经　　销：新华书店
印　　刷：北京博海升彩色印刷有限公司
法律顾问：北京科宇律师事务所　010-83622312

开　　本：710mm×1000mm　1/16
字　　数：202 千字
印　　张：14
版　　次：2024 年 4 月第 1 版　2024 年 4 月第 1 次印刷
书　　号：ISBN 978-7-5115-7419-0
定　　价：49.00 元

序　言

　　战略问题是一个政党、一个国家的根本性问题。党的十八大以来，面对国内外环境的深刻复杂变化，党中央对关系国家发展全局和长远的重大理论和实践问题进行深邃思考和科学判断，提出一系列重大战略思想、作出一系列重大战略部署、采取一系列重大战略举措，为新时代党和国家事业发展进一步指明了前进方向。新时代新征程，科学谋划和正确实施中国特色社会主义发展战略，对于坚持和发展中国特色社会主义，全面建设社会主义现代化国家、全面推进中华民族伟大复兴，具有决定性意义。

　　战略决定成败。习近平总书记指出："战略上判断得准确，战略上谋划得科学，战略上赢得主动，党和人民事业就大有希望。"① 战略是筹划和指导全局的方略，关系到国家的安危、民族的兴衰、执政的成败。国家战略科学、正确，就能引领国家走向繁荣和昌盛；国家战略错误，将可能导致国家衰落，甚至灭亡。国家战略作为总体战略，筹划与运用国家总体力量，谋求国家的生存、安全和发展，制约和指导国家生活的所有领域。在由各种战略组成的体系中，国家战略处于最高层次，位于核心地位，发挥着主导作用。它不仅立足国家现实，而且关系国家未来；不仅具有宏观指导、整体协调作用，而且具有战略

---

　　① 中共中央文献研究室：《十八大以来重要文献选编》（中），中央文献出版社 2016 年版，第 45—46 页。

预置、前瞻布局的功能。国家战略这种特殊重要地位，决定了它对国家的兴衰必然产生直接、重大和深远的影响。因而，任何国家都要制定和实施顺应历史发展潮流，符合本国原则和力量条件，有助于实现国家利益的国家战略。

当今世界，和平与发展仍然是时代的主题，和平、发展、合作、共赢的历史潮流不可阻挡。但是，世界百年未有之大变局加速演进，大国关系进入全方位角力新阶段，世界进入新的动荡变革期。对一个国家而言，在一个安全与发展都存在激烈竞争态势的国际环境中，维护自身安全、谋求长远发展是其核心利益所在。因而，国家安全战略、国家发展战略是国家战略的两个基本方面。

发展和安全是一体之两翼、驱动之双轮。安全保证是实现国家发展的重要前提，没有安全的环境，发展常常会被干扰或打断，很难实现长远的发展；但从长远的角度看，落后就要挨打，要解决国家安全问题，必须依靠国家实力的发展，国家安全利益的真正实现有赖于国家发展利益的真正实现。因此，邓小平指出，"中国解决所有问题的关键是要靠自己的发展"，"中国能不能顶住霸权主义、强权政治的压力，坚持我们的社会主义制度，关键就看能不能争得较快的增长速度，实现我们的发展战略"①。

发展是党执政兴国的第一要务，是解决我国一切问题的基础和关键。国家发展战略是对一个国家整体发展的统筹、谋划、抉择与决策，具有以下基本特征：一是政治性。列宁说："政治就是参与国家事务，给国家定方向，确定国家活动的形式、任务和内容。"②国家发展战略是国家发展的政治目标和施政纲领，是治国理政的理论指导和大政方针。二是统领性。国家发展战略是国家总体战略，是对国家全面发展、长远发展的重大问题和领域进行全局性、统领性的筹划、谋略和抉择，而不是对某项具体工作或个别事项的部署和处置，不能以某方面某领域的发展战略取代国家发展战略。三是统筹性。国家发展战略涉及改革发展稳定、内政外交国防、治党治国治军，是一个具有高

---

① 《邓小平文选》第三卷，人民出版社 1993 年版，第 265、356 页。

② 《列宁全集》第 31 卷，人民出版社 1985 年版，第 128 页。

度综合性、关联性的整体，必须统筹兼顾，做到总揽全局、科学筹划，全面推进、重点突破，兼顾各方、综合平衡。四是稳定性。国家发展战略的既定利益目标，关系到国家、民族的生存与发展，不能因形势的变化而轻易改变，在涉及核心利益、根本利益的问题上通常不能让步，前进的目标不能丢失。但通向这个目标的道路如何走、怎样走更加有利，则可以依现实情况做出选择。因而，国家发展战略具有较强的刚性，在一定时期内保持相对稳定。

新时代需要新战略，新战略引领新发展。党的十八大以来，以习近平同志为核心的党中央对国家发展作出了一系列战略部署，形成了新时代中国特色社会主义发展战略。这一国家发展战略坚持以习近平新时代中国特色社会主义思想为科学指导，立足中华民族伟大复兴战略全局和世界百年未有之大变局，以中国式现代化全面推进中华民族伟大复兴为统揽，坚持党的全面领导、坚持以人民为中心、坚持新发展理念、坚持深化改革开放、坚持系统观念，统筹推进经济建设、政治建设、文化建设、社会建设、生态文明建设"五位一体"总体布局，协调推进全面建设社会主义现代化国家、全面深化改革、全面依法治国、全面从严治党"四个全面"战略布局，坚定不移贯彻创新、协调、绿色、开放、共享的新发展理念，以推动高质量发展为主题，以改革创新为根本动力，以满足人民日益增长的美好生活需要为根本目的，加快构建以国内大循环为主体、国内国际双循环相互促进的新发展格局，推进国家治理体系和治理能力现代化，实现经济行稳致远、社会安定和谐、人民安居乐业、国家繁荣富强，努力到 21 世纪中叶把我国建设成为综合国力和国际影响力领先的社会主义现代化强国。这一国家发展战略具有以下鲜明特征：

一是目标明确。党的十八大以来，党中央紧紧围绕"两个一百年"奋斗目标展开战略部署。党的十八大部署实施的重大战略重点以全面建成小康社会为引领；党的十九大作出从全面建成小康社会到基本实现社会主义现代化、再到全面建成社会主义现代化强国的战略安排；党的二十大报告明确提出，从现在起，中国共产党的中心任务就是团结带领全国各族人民全面建成社会主义现代化强国、实现第二个百年奋斗目标，以中国式现代化全面推进中华民族伟大复兴。

二是步骤清晰。在党的十三大"三步走"战略和党的十五大"新三步走"战略的基础上，党的十八大提出到 2020 年实现全面建成小康社会宏伟目标，党的十九大提出新时代"两步走"战略安排。党的二十大进一步明确提出，全面建成社会主义现代化强国，总的战略安排是分两步走：从 2020 年到 2035 年基本实现社会主义现代化；从 2035 年到本世纪中叶把我国建成富强民主文明和谐美丽的社会主义现代化强国。这些战略安排，清晰擘画了从全面小康到建设社会主义现代化强国的总体设计、阶段任务和战略路径。

三是统揽全局。党的十八大以来，党中央统筹推进"五位一体"总体布局、协调推进"四个全面"战略布局。习近平总书记指出："'五位一体'和'四个全面'相互促进、统筹联动，要协调贯彻好，在推动经济发展的基础上，建设社会主义市场经济、民主政治、先进文化、生态文明、和谐社会，协同推进人民富裕、国家强盛、中国美丽。"[①]"五位一体"总体布局和"四个全面"战略布局相互促进、统筹联动，覆盖内政外交国防、治党治国治军等各领域各方面各环节，二者统一于坚持和发展中国特色社会主义的宏伟蓝图，统一于国家由大向强发展关键阶段的历史进程，统一于党中央治国理政的战略设计。

四是系统部署。党的十八大以来，党中央在各领域各行业重点部署实施了几十项战略，形成了一体化国家发展战略体系，即以中国式现代化战略为总领，围绕科教兴国、人才强国、创新驱动发展、扩大内需、乡村全面振兴、新型城镇化、区域协调发展、主体功能区、可持续发展、开放、就业优先、健康中国、人口发展、国家安全、文化强国等部署多个方面基础性引领性战略，以重点领域和重点区域发展战略形成多维度支撑，以关键环节战略着力推动重点领域和重点区域发展实现战略突破，构建形成统一衔接、层次清晰、关联紧密、支撑有力的战略体系。这一战略体系紧紧围绕经济社会发展中的重大关系、主要矛盾、重点领域、关键问题和核心环节，通过一系列面、块、线、点相结合的战略部署，形成定位清晰、功能互补、逻辑统一的战略推进"施

---

① 习近平：《在庆祝中国共产党成立 95 周年大会上的讲话》，人民出版社 2016 年版，第 15 页。

工图"。

蓝图已经绘就，使命催人奋进。2023 年 2 月 7 日，习近平总书记在学习贯彻习近平新时代中国特色社会主义思想和党的二十大精神研讨班开班式上发表重要讲话时强调，推进中国式现代化要"增强战略的前瞻性，准确把握事物发展的必然趋势，敏锐洞悉前进道路上可能出现的机遇和挑战，以科学的战略预见未来、引领未来。增强战略的全局性，谋划战略目标、制定战略举措、作出战略部署，都要着眼于解决事关党和国家事业兴衰成败、牵一发而动全身的重大问题。增强战略的稳定性，战略一经形成，就要长期坚持、一抓到底、善作善成，不要随意改变"①。这一重要论述为我们深刻理解国家发展战略的本质要求指明了方向，为运用战略思维推进中国式现代化提供了根本遵循。

一要增强战略的前瞻性。战略是管长远、管大势，心中有数、胸中有法才能做到未雨绸缪、从容应对，才能赢得战略主动。增强战略的前瞻性，就要深刻认识和把握事物发展变化的规律，站在时代前沿观察思考问题，把谋事和谋势、谋当下和谋未来统一起来，在掌握历史发展大势的主动中确定战略、确立方针、制定政策。特别是，当前我国发展面临新的战略机遇、新的战略任务、新的战略阶段、新的战略要求、新的战略环境，需要应对的风险和挑战、需要解决的矛盾和问题比以往更加错综复杂。这就要求我们增强忧患意识，坚持底线思维，居安思危、未雨绸缪，下好防范化解风险的先手棋，打好主动仗。

二要增强战略的全局性。不谋全局者，不足以谋一域。增强战略的全局性，就要从事物存在的整体性出发，抓住事物的根本性矛盾和全局性问题，立足全局、统筹局部，以根本性矛盾和全局性问题的有效解决，带动推进局部性矛盾和问题的化解，推动事物向更好的方向发展。我国是一个发展中大国，正在经历广泛而深刻的社会变革，推进改革发展、调整利益关系往往牵一发而动全身。这就需要牢固树立全国一盘棋思想，自觉在大局下行动，始终围

---

① 《习近平关于中国式现代化论述摘编》，中央文献出版社 2023 年版，第 231 页。

绕中华民族伟大复兴这一历史主题，着眼于解决事关党和国家事业兴衰成败的重大问题，不断推进我国经济社会全面发展和各项事业全面进步。

三要增强战略的稳定性。政贵有恒，治须有常。稳定性是保证战略顺利推进、如期实现的必要条件。增强战略的稳定性，就要深刻认识到战略本身不是一时的、一隅的，而是立足长远、着眼全局的，需要持之以恒地贯彻落实。新时代新征程上，我们要锚定全面建成社会主义现代化强国的战略目标，一张蓝图绘到底，一任接着一任干，不为任何风险所惧，不被任何干扰所惑，向着既定的战略目标勇毅前行。无论国际风云如何波谲云诡、国内形势如何复杂严峻，都要保持历史耐心，增强战略定力，坚持稳中求进、循序渐进、持续推进，以中国式现代化全面推进中华民族伟大复兴。

（郭海军　国防大学国家安全学院国家发展战略教研室主任、教授）

目　　录

第一章

生态文明建设是
关系中华民族永续发展的根本大计

生态文明建设是关系中华民族永续发展的根本大计。这是历史的总结，也是实践的经验。党的十八大以来，以习近平同志为核心的党中央深刻认识到生态文明建设的极端重要性，本着对国家和人民高度负责的态度，促进经济发展与生态环境改善的良性互动，将生态文明建设纳入中国特色社会主义"五位一体"总体布局，强调要"坚持以人民为中心，牢固树立和践行绿水青山就是金山银山的理念，把建设美丽中国摆在强国建设、民族复兴的突出位置，推动城乡人居环境明显改善、美丽中国建设取得显著成效，以高品质生态环境支撑高质量发展"①。

一、建设生态文明是对马克思主义生态观的继承发展

马克思恩格斯作为科学社会主义的创立者，不仅对人类社会的发展演进进行了具有历史前瞻性的科学分析和预测，也对人与自然的关系进行了一系列论述，是新时代生态文明发展战略的重要理论来源。尽管在马克思恩格斯生活的年代，生态问题并没有像如今这样突出。但马克思恩格斯在对资本主义生产方式进行批判的过程中也对人类的生态问题，对人与自然的关系进行了诸多论述，阐明了他们的生态观点，指出了破解人与自然矛盾、实现人与自然和谐共生的基本路径，其目的不仅仅是解释生态问题本身，而是为正确处理人类实践中人与自然、社会、自身的关系提供一种理论解释，并在此基础上对资本主义的生产方式进行了深刻批判，深入分析了资本主义制度是生态问题产生的根本原因。

---

① 习近平：《以美丽中国建设全面推进人与自然和谐共生的现代化》，《求是》2024 年第 1 期。

（一）人本身就是自然存在物，自然界对人具有先在性，是人类生存与发展的基础和前提

自然界先于人而客观存在，人是自然界长期进化的产物，人类从自然界分化出来以后，便开启了人类社会的历史。马克思主义认为，人起源于自然界，是自然界长期发展和不断演变的产物，人本身就是自然的存在物，是自然界的一部分；离开自然界人也就无法生存，人必须依靠自然界而生存。因此，自然界对人具有先在性，人是自然之子。没有自然界，也就没有人类本身。马克思指出："在实践上，人的普遍性正是表现为这样的普遍性，它把整个自然界——首先作为人的直接的生活资料，其次作为人的生命活动的对象（材料）和工具——变成人的无机的身体。自然界，就它自身不是人的身体而言，是人的无机的身体。人靠自然界生活。这就是说，自然界是人为了不致死亡而必须与之处于持续不断的交互作用过程的、人的身体。所谓人的肉体生活和精神生活同自然界相联系，不外是说自然界同自身相联系，因为人是自然界的一部分。"① "历史本身是自然史的一个现实部分，即自然界生成为人这一过程的一个现实部分。"②

恩格斯考察了人类的起源，指出从自然界中分化的人类，曾经历了异常漫长的历史过程。他说："人也是由分化而产生的。不仅从个体方面来说是如此——从一个单独的卵细胞分化为自然界所产生的最复杂的有机体，而且从历史方面来说也是如此。"③ "我们连同我们的肉、血和头脑都是属于自然界和存在于自然界之中的。"④ 在《反杜林论》中，恩格斯指出，"人本身是自然界的产物，是在自己所处的环境中并且和这个环境一起发展起来的"⑤。

人类必须依靠自然界才能维持自身的生存与发展。人类在同自然的互动中生产、生活、发展，人类善待自然，自然也会馈赠人类。马克思在《1844

① 《马克思恩格斯文集》第1卷，人民出版社2009年版，第161页。
② 《马克思恩格斯文集》第1卷，人民出版社2009年版，第194页。
③ 《马克思恩格斯文集》第9卷，人民出版社2009年版，第421页。
④ 《马克思恩格斯文集》第9卷，人民出版社2009年版，第560页。
⑤ 《马克思恩格斯文集》第9卷，人民出版社2009年版，第38—39页。

年经济学哲学手稿》中指出，"人作为自然存在物，而且作为有生命的自然存在物，一方面具有自然力、生命力，是能动的自然存在物；这些力量作为天赋和才能、作为欲望存在于人身上；另一方面，人作为自然的、肉体的、感性的、对象性的存在物，和动植物一样，是受动的、受制约的和受限制的存在物……"① 在这部著作中，马克思把自然界称作"感性的外部世界"。离开这种"外部世界""感性自然界"，人的物质生产活动便无法进行，人的生命之延续也无法实现，"没有自然界，没有感性的外部世界，工人什么也不能创造。自然界是工人的劳动得以实现、工人的劳动在其中活动、工人的劳动从中生产出和借以生产出自己的产品的材料"②。这表明，人依赖自然而生存，自然界是人得到基本生产生活资料的必要前提，也是人进行生产生活等活动的一切基础。因此，人在用劳动作用于自然的时候，必须要尊重自然的规律。

马克思主义认为，人是受到自然规律限制和制约的。一方面，人需要从自然界获取生存和生产的条件，自然界为人类的肉体组织提供了直接的生活资料，"人在肉体上只有靠这些自然产品才能生活，不管这些产品是以食物、燃料、衣着的形式还是以住房等等的形式表现出来"③。人的"饥饿是自然的需要；因此，为了使自身得到满足，使自身解除饥饿，它需要自身之外的自然界、自身之外的对象"④。另一方面，自然界，"植物、动物、石头、空气、光等等，一方面作为自然科学的对象，一方面作为艺术的对象，都是人的意识的一部分，是人的精神的无机界，是人必须事先进行加工以便享用和消化的精神食粮"⑤。所以说，自然界为人类提供生活资料和生产资料，是人类生存发展的基础和前提，人依赖于自然而生存发展，不管是人类的物质资料生产，还是精神资料生产，都离不开自然界这一物质前提。

---

① 《马克思恩格斯文集》第 1 卷，人民出版社 2009 年版，第 209 页。
② 《马克思恩格斯文集》第 1 卷，人民出版社 2009 年版，第 158 页。
③ 《马克思恩格斯文集》第 1 卷，人民出版社 2009 年版，第 161 页。
④ 《马克思恩格斯文集》第 1 卷，人民出版社 2009 年版，第 210 页。
⑤ 《马克思恩格斯文集》第 1 卷，人民出版社 2009 年版，第 161 页。

（二）人与自然之间是密不可分的，是辩证统一的关系

马克思主义认为，自然是人类实践活动的对象，人与自然的关系是相互依存、有机一体的关系，呈现出相互贯通、相互依赖的特征。尽管人是自然的存在物，自然是先于人存在的。自然对人的先在性，决定了人类对自然的依赖性，人的发展要建立在自然的基础上。但这并不意味着人在自然界中是完全被动性的，也不是说人与自然只是一种动物式的简单服从关系。人本身具有劳动能力。"劳动首先是人和自然之间的过程，是人以自身的活动来中介、调整和控制人和自然之间的物质变换的过程。"① 人在利用劳动能力改变自然时，还可以控制这种能力。

人从自然界中脱颖而出，在本质上与其他动物相区别。人是有意识的动物，所以说，在人类的活动过程中，必然会有意识地对自然进行改造。恩格斯在《自然辩证法》中深刻指出，人类"不仅迁移动植物，而且也改变了他们的居住地的面貌、气候，甚至还改变了动植物本身"②，这就是说，动物的活动主要是机械地被动地适应自然，其采集活动也仅仅是为了满足自身肉体的生存需要；而人却能从事有意识的生产和劳动，这是人所特有的实践活动。马克思主义认为，自然的人化是通过实践来实现的。实践是人类改造外部感性自然界的一种对象性活动，是实现自身、确证自身的手段，人"通过实践创造对象世界，改造无机界，人证明自己是有意识的类存在物"③，"动物仅仅利用外部自然界，简单地通过自身的存在在自然界中引起变化；而人则通过他所作出的改变来使自然界为自己的目的服务，来支配自然界。这便是人同其他动物的最终的本质的差别，而造成这一差别的又是劳动"④。"动物所能做到的最多是采集，而人则从事生产，人制造最广义的生活资料，这些生活资料是自然界离开了人便不能生产出来的。因此，把动物界的生活规律直接搬到人

---

① 《马克思恩格斯文集》第 5 卷，人民出版社 2009 年版，第 207—208 页。
② 《马克思恩格斯文集》第 9 卷，人民出版社 2009 年版，第 421 页。
③ 《马克思恩格斯文集》第 1 卷，人民出版社 2009 年版，第 162 页。
④ 《马克思恩格斯文集》第 9 卷，人民出版社 2009 年版，第 559 页。

类社会中来是不行的。一有了生产，所谓生存斗争不再单纯围绕着生存资料进行，而是围绕着享受资料和发展资料进行。在这里——在社会地生产发展资料的情况下——来自动物界的范畴就完全不适用了。"① 马克思在《资本论》中生动地指出："蜜蜂建筑蜂房的本领使人间的许多建筑师感到惭愧。但是，最蹩脚的建筑师从一开始就比最灵巧的蜜蜂高明的地方，是他在用蜂蜡建筑蜂房以前，已经在自己的头脑中把它建成了。劳动过程结束时得到的结果，在这个过程开始时就已经在劳动者的表象中存在着，即已经观念地存在着。"② 恩格斯也指出，"人离开动物越远，他们对自然界的影响就越带有经过事先思考的、有计划的、以事先知道的一定目标为取向的行为的特征"③。

也就是说，自然作为人的外部环境，也受到人类的影响。人类通过改变自然界的实践活动为自身创造更好的生存环境，也通过自身的劳动改变了自然界，赋予了自然客体主体化的属性，从这个意义上讲，自然界也离不开人类，自然也必须在人的介入下才具有意义，即人的活动也影响着自然的发展进化。马克思在其中学毕业论文中就对此进行了初步的思考和论述，他指出，"自然本身给动物规定了它应该遵循的活动范围，动物也就安分地在这个范围内活动，不试图越出这个范围，甚至不考虑有其他范围存在。神也给人指定了共同的目标——使人类和他自己趋于高尚，但是，神要人自己去寻找可以达到这个目标的手段；神让人在社会上选择一个最适合于他、最能使他和社会得到提高的地位"④。当时，马克思的思想还带有一定的神学色彩，有着唯心主义的特征，但在这里他已经认识到了人的能动性会对自然界本身产生影响，能够用自己的活动去改造自然，阐明了人的能动性对于自然的重要作用。"人在自然中争取自由，又受自然的制约；人受自然界的制约，但总要争取自由。"⑤ 恩格斯在《自然辩证法》中明确指出："人也反作用自然界，改变自然

---

① 《马克思恩格斯文集》第 9 卷，人民出版社 2009 年版，第 548 页。
② 《马克思恩格斯文集》第 5 卷，人民出版社 2009 年版，第 208 页。
③ 《马克思恩格斯文集》第 9 卷，人民出版社 2009 年版，第 558 页。
④ 《马克思恩格斯全集》第 40 卷，人民出版社 1982 年版，第 3 页。
⑤ 杜秀娟：《马克思主义生态哲学思想历史发展研究》，北京师范大学出版社 2011 年版，第 19 页。

界，为自己创造新的生存条件……地球的表面、气候、植物界、动物界以及人本身都发生了无限的变化，并且这一切都是由于人的活动。"①马克思说："为了在对自身生活有用的形式上占有自然物质，人就使他身上的自然力——臂和腿、头和手活动起来。当他通过这种运动作用于他身外的自然并改变自然时，也就同时改变他自身的自然。"②他指出："自然界的人的本质只有对社会的人来说才是存在的；因为只有在社会中，自然界对人来说才是人与人联系的纽带，才是他为别人的存在和别人为他的存在，只有在社会中，自然界才是人自己的合乎人性的存在的基础，才是人的现实的生活要素。"③"在人类历史中即在人类社会的形成过程中生成的自然界，是人的现实的自然界；因此，通过工业——尽管以异化的形式——形成的自然界，是真正的、人本学的自然界。"④也就是说，自然通过人的本质力量的对象化，成为人的本质力量的确证，成为人的物质的无机界和精神的无机界，从而具有了属人性与社会历史性。"被抽象地理解的、自为的、被确定为与人分隔开来的自然界，对人来说也是无。"⑤这说明了纯粹观念中的自然界是没有意义的，只有通过人的实践活动与人发生了关系的自然才是真正的、现实的自然，才是有意义的自然。所以说，"那种关于精神和物质、人类和自然、灵魂和肉体之间的对立的荒谬的、反自然的观点，也就越不可能成立了"⑥。在现实世界中，人离开自然界就无法生存，而脱离人的自然界，或者说是人类诞生之前的自在自然，同样对人来说是毫无意义的客观存在。

（三）人与自然的和谐相处是人类生存与发展的重要保证

马克思主义认为，人类与自然界的关系，应当是和谐共存、互利共生的

---

① 《马克思恩格斯文集》第9卷，人民出版社2009年版，第483—484页。
② 《马克思恩格斯文集》第5卷，人民出版社2009年版，第208页。
③ 《马克思恩格斯文集》第1卷，人民出版社2009年版，第187页。
④ 《马克思恩格斯文集》第1卷，人民出版社2009年版，第193页。
⑤ 《马克思恩格斯文集》第1卷，人民出版社2009年版，第220页。
⑥ 《马克思恩格斯文集》第9卷，人民出版社2009年版，第560页。

辩证统一，而绝不是人要用自己特有的实践活动去征服自然、统治自然。恩格斯在《反杜林论》和《自然辩证法》中列举了很多人与自然关系尖锐对立的实例，来说明人对自然发挥能动性时不能超越自然的限度，敲响了生态危机的警钟，并警告人们要正确理解自然规律，尊重自然规律，否则将招致自然的报复，体现了尊重自然规律、人与自然和谐相处的思想。他指出，"不要过分陶醉于我们人类对自然界的胜利。对于每一次这样的胜利，自然界都对我们进行报复。每一次胜利，起初确实取得了我们预期的结果，但是往后和再往后却发生完全不同的、出乎预料的影响，常常把最初的结果又消除了"①，"我们每走一步都要记住：我们决不像征服者统治异族人那样支配自然界，决不像站在自然界之外的人似的去支配自然界……我们对自然界的整个支配作用，就在于我们比其他一切生物强，能够认识和正确运用自然规律。"② 这就是说，人类对自然界的整个支配作用必须以正确认识和合理利用自然规律为前提。习近平总书记指出："恩格斯在《自然辩证法》中写到：美索不达米亚、希腊、小亚细亚以及其他各地的居民，为了得到耕地，毁灭了森林，但是他们做梦也想不到，这些地方今天竟因此而成为不毛之地，因为他们使这些地方失去了森林，也就失去了水分的积聚中心和贮藏库。阿尔卑斯山的意大利人，当他们在山南坡把那些在山北坡得到精心保护的枞树林砍光用尽时，没有预料到，这样一来，他们把本地区的高山畜牧业的根基毁掉了；他们更没有预料到，他们这样做，竟使山泉在一年中的大部分时间内枯竭了，同时在雨季又使更加凶猛的洪水倾泻到平原上。"③

马克思 1868 年 7 月在给路德维希·库格曼的书信中明确说道："自然规律是根本不能取消的。在不同的历史条件下能够发生变化的，只是这些规律借以实现的形式。"④ 由于自然规律是客观性的存在，人类唯有以敬畏的态度尊重自然规律，才能使自身认识和改造自然界的实践活动符合基本的生态道德

---

① 《马克思恩格斯文集》第 9 卷，人民出版社 2009 年版，第 559—560 页。
② 《马克思恩格斯文集》第 9 卷，人民出版社 2009 年版，第 560 页。
③ 习近平：《推动我国生态文明建设迈上新台阶》，《求是》2019 年第 3 期。
④ 《马克思恩格斯文集》第 10 卷，人民出版社 2009 年版，第 289 页。

规范与伦理原则。马克思恩格斯在《德意志意识形态》中也深刻指出："历史的每一个阶段都遇到一定的物质结果，一定的生产力总和，人对自然以及个人之间历史地形成的关系，都遇到前一代传给后一代的大量生产力、资金和环境，尽管一方面这些生产力、资金和环境为新的一代所改变，但另一方面，它们也预先规定新的一代本身的生活条件，使它得到一定的发展和具有特殊的性质。"① 马克思在《资本论》中也明确指出，"动物和植物通常被看做自然的产物，实际上它们不仅可能是上年度劳动的产品，而且他们现在的形式也是经过许多世代、在人的控制下、通过人的劳动不断发生变化的产物"②。

可见，任何一代人都会面对前一代人传给他们的生产力、资金和环境，这样每一代人都不能随心所欲地选择他们的生活环境，而只能以既有的环境作为其活动的现实基础，也唯有如此，才能实现人与自然的和谐共生。

（四）资本主义造成了人与自然关系的恶化

人本身是自然界的产物，人与自然之间具有密不可分的关系，但是一旦人的行为违背自然规律、资源消耗超过自然承载能力、污染排放超过环境容量时，就将导致人与自然关系的失衡，造成人与自然的不和谐。而这一点马克思恩格斯认为在资本主义时代表现得尤为明显。

众所周知，在资本主义社会形态之前，由于生产力水平低，科学技术落后，人类只能依赖于自然，人与自然之间呈现出依附与被依附、崇拜与被崇拜的关系。"自然界起初是作为一种完全异己的、有无限威力的和不可制服的力量与人们对立的，人们同自然界的关系完全像动物同自然界的关系一样，人们就像牲畜一样慑服于自然界。"③ 但随着资本主义时代的到来，资本主义工业文明创造了辉煌的物质繁荣，正如《共产党宣言》中所指出的那样，"资产阶级在它的不到一百年的阶级统治中所创造的生产力，比过去一切世代创造的全

---

① 《马克思恩格斯文集》第 1 卷，人民出版社 2009 年版，第 544—545 页。
② 《马克思恩格斯文集》第 5 卷，人民出版社 2009 年版，第 212 页。
③ 《马克思恩格斯文集》第 1 卷，人民出版社 2009 年版，第 534 页。

部生产力还要多，还要大"①。但资本主义的巨大物质财富的累积是建立在对工人的残酷剥削和对自然的无限掠夺的基础之上的，破坏了人与自然之间的和谐关系，造成了生态环境的恶化，甚至已经威胁到了人类本身。因为，在资本的逻辑中，只有利润，没有生态环境成本的概念，为了利润，人类对自然界展开史无前例的疯狂占有，人对自然的依附消解，自然界沦为人的工具，人与自然之间呈现出征服与被征服、掠夺与被掠夺的关系。马克思深刻指出，"一切以前的社会阶段都只表现为人类的地方性发展和对自然的崇拜。只有在资本主义制度下自然界才真正是人的对象，真正是有用物；它不再被认为是自为的力量；而对自然界的独立规律的理论认识本身不过表现为狡猾，其目的是使自然界（不管是作为消费品，还是作为生产资料）服从于人的需要"②。由于资本主义的生产以逐利为目的，资本家组织生产时只会为了获得高额利润向自然界不断攫取，根本不会考虑无序生产带来的环境问题。

对此，马克思恩格斯对资本主义生产方式的不合理性进行了深刻批判，多次形象描述了资本主义生产肆意破坏生态环境的现象。

对水体的污染。1839 年 3 月，恩格斯为卡·谷兹科主办的《德意志电讯》撰写了一篇政论文章——《伍珀河谷来信》，在这篇文章中，恩格斯根据自己的所见所闻，描述了伍珀河被污染的状况，揭露了工业生产对环境造成的严重污染及工人工作和生活的非人状况。文章一开头就描绘了伍珀河的可怜相，"这条狭窄的河流泛着红色波浪，时而急速时而缓慢地流过烟雾弥漫的工厂厂房和堆满棉纱的漂白工厂。然而它那鲜红的颜色并不是来自某个流血的战场……而是完全源于许多使用土耳其红颜料的染坊。……伍珀河带着泥沙从你身旁懒洋洋地爬过，同你刚才看到的莱茵河相比，它那副可怜相会使你大为失望"③。恩格斯在《英国工人阶级状况》中也详细考察了当时泰晤士河、柯德洛克河和艾尔维尔河的支流艾尔克河、梅得洛克河等被严重污染的情况。当时大城市工业废水和生活污水未经任何处理就直接排进河流，直接导致水

---

① 《马克思恩格斯文集》第 2 卷，人民出版社 2009 年版，第 36 页。
② 《马克思恩格斯文集》第 8 卷，人民出版社 2009 年版，第 90—91 页。
③ 《马克思恩格斯全集》第 2 卷，人民出版社 2005 年版，第 39 页。

资源的严重污染。恩格斯指出，当时英国一切流经工业城市的河流"流入城市的时候是清澈见底的，而在城市另一端流出的时候却又黑又臭，被各色各样的脏东西弄得污浊不堪了"①。

对大气的污染。在资本主义工业化早期，由于蒸汽机的广泛应用，必然带来城市空气的污浊不堪。恩格斯说："曼彻斯特周围的城市……是一些纯粹的工业城市……到处都弥漫着煤烟。"②波尔顿"是这些城市中最坏的了……一条黑水流过这个城市，很难说这是一条小河还是一长列臭水洼。这条黑水把本来就很不清洁的空气弄得更加污浊不堪"③。

对土地的破坏。马克思指出，资本主义生产"一方面聚集着社会的历史动力，另一方面又破坏着人与土地之间的物质变换，也就是使人以衣食形式消费掉的土地的组成部分不能回归土地，从而破坏土地持久肥力的永恒的自然条件"④。"资本主义农业的任何进步，都不仅是掠夺劳动者的技巧的进步，而且是掠夺土地的技巧的进步，在一定时期内提高土地肥力的任何进步，同时也是破坏土地肥力持久源泉的进步。……资本主义生产发展了社会生产过程的技术和结合，只是由于它同时破坏了一切财富的源泉——土地和工人。"⑤

对人们健康的影响。在《伍珀河谷来信》中，恩格斯怀着对下层劳动人民的极大同情，真实描绘了他们生活环境的糟糕情况。"下层等级，特别是伍珀河谷的工厂工人，普遍处于可怕的贫困境地；梅毒和肺部疾病蔓延到难以置信的地步。"⑥而且工人们"在低矮的房子里劳动，吸进的煤烟和灰尘多于氧气"⑦。在《英国工人阶级状况》一书中，恩格斯对曼彻斯特的污染状况也进行了描述，"随着流行病的每一次重新来临，不仅患者的人数增加了，而且疾病的严重程度和死亡率也增高了。……1843 年在格拉斯哥患热病的占居民的

---

① 《马克思恩格斯全集》第 2 卷，人民出版社 1957 年版，第 320 页。
② 《马克思恩格斯全集》第 2 卷，人民出版社 1957 年版，第 323 页。
③ 《马克思恩格斯全集》第 2 卷，人民出版社 1957 年版，第 323—324 页。
④ 《马克思恩格斯文集》第 5 卷，人民出版社 2009 年版，第 579 页。
⑤ 《马克思恩格斯文集》第 5 卷，人民出版社 2009 年版，第 579—580 页。
⑥ 《马克思恩格斯全集》第 2 卷，人民出版社 2005 年版，第 44 页。
⑦ 《马克思恩格斯全集》第 2 卷，人民出版社 2005 年版，第 44 页。

12%，共计 32000 人，其中有 32% 死亡"[①]。

　　正是资本主义生产方式以及建立在其基础之上的资本主义制度的存在，导致人与人、人与社会之间关系的对立与分离，从而招致对待自然资源的短视和对自然环境的破坏，进而导致人与自然关系的对立与分离。恩格斯在《致尼古拉·弗兰策维奇·丹尼尔逊》中指出："所有已经经历或者正在经历这个过程的国家，或多或少都有这样的情况。地力损耗——如在美国；森林消失——如在英国和法国，目前在德国和美国也是如此；气候改变、江河干涸在俄国大概比其他任何地方都厉害。"[②] 因为，"在各个资本家都是为了直接的利润而从事生产和交换的地方，他们首先考虑的只能是最近的最直接的结果。当一个厂主卖出他所制造的商品或者一个商人卖出他所买进的商品时，只要获得普通的利润，他就满意了，至于商品和买主以后会怎么样，他并不关心。关于这些行为在自然方面的影响，情况也是这样。西班牙的种植场主曾在古巴焚烧山坡上的森林，以为木灰作为肥料足够最能赢利的咖啡树利用一个世代之久，至于后来热带的倾盆大雨竟冲毁毫无保护的沃土而只留下赤裸裸的岩石，这同他们又有什么相干呢"[③]？

　　因此，在马克思主义看来，资本主义私有制是造成生态危机的最根本的原因。资本主义私有制使得劳动者与自己的劳动对象、劳动关系产生异化，由于资本主义的生产以逐利为目的，资本家组织生产时只会为了获得高额利润向自然界不断攫取，根本不会考虑无序生产带来的环境问题，因而导致环境不断遭到破坏，生态系统功能被削弱。

　　（五）只有改变资本主义制度才能完成人与自然的真正和谐，才能从"人类与自然的和解"走向"人同人本身的和解"

　　马克思主义认为，资本主义生产方式都会对生态环境造成破坏，不仅人与自然的关系被异化，而且由于异化劳动，"工人生产出一个同劳动疏远的、

---

　　① 《马克思恩格斯文集》第 1 卷，人民出版社 2009 年版，第 412 页。
　　② 《马克思恩格斯文集》第 10 卷，人民出版社 2009 年版，第 627 页。
　　③ 《马克思恩格斯文集》第 9 卷，人民出版社 2009 年版，第 562—563 页。

站在劳动之外的人"①，即资本家，而且异化劳动"从人那里夺去了他的生产的对象，也就从人那里夺去了他的类生活，即他的现实的类对象性，把人对动物所具有的优点变成缺点，因为人的无机的身体即自然界被夺走了"②。马克思指出："异化劳动，由于（1）使自然界同人相异化，（2）使人本身，使他自己的活动机能，使他的生命活动同人相异化，因此，异化劳动也就使类同人相异化。"③ 恩格斯也对这种现象进行了讽刺，"我们在最先进的工业国家中已经降服了自然力……现在一个小孩所生产的东西，比以前的100个成年人所生产的还要多……达尔文并不知道，当他证明经济学家们当做最高的历史成就加以颂扬的自由竞争、生存斗争是动物界的正常状态的时候，他对人们，特别是对他的同胞作了多么辛辣的讽刺"④。随着人与自然、社会和自身异化所导致的畸形发展，生态自然失去了其自净能力，而这种生态环境的破坏实际上也带来了工人生存和工作环境的恶化。"工人越是通过自己的劳动占有外部世界、感性自然界，他就越是在两个方面失去生活资料：第一，感性的外部世界越来越不成为属于他的劳动的对象，不成为他的劳动的生活资料；第二，感性的外部世界越来越不给他提供直接意义的生活资料，即维持工人的肉体生存的手段。"⑤ 马克思说："光、空气等等，甚至动物的最简单的爱清洁习性，都不再成为人的需要了。肮脏，人的这种腐化堕落，文明的阴沟（就这个词的本意而言），成了工人的生活要素。完全违反自然的荒芜，日益腐败的自然界，成了他的生活要素。"⑥

因此，马克思鲜明指出："只有在社会中，自然界对人来说才是人与人联系的纽带，才是他为别人的存在和别人为他的存在，只有在社会中，自然界才是人自己的合乎人性的存在的基础，才是人的现实的生活要素。只有在社

---

① 《马克思恩格斯文集》第1卷，人民出版社2009年版，第166页。
② 《马克思恩格斯文集》第1卷，人民出版社2009年版，第163页。
③ 《马克思恩格斯文集》第1卷，人民出版社2009年版，第161页。
④ 《马克思恩格斯文集》第9卷，人民出版社2009年版，第422页。
⑤ 《马克思恩格斯文集》第1卷，人民出版社2009年版，第158页。
⑥ 《马克思恩格斯全集》第42卷，人民出版社1979年版，第133—134页。

会中，人的自然的存在对他来说才是人的合乎人性的存在，并且自然界对他来说才成为人。"①可见，人与自然的关系折射出人与社会的关系。因此，要从根本上消除这种人与自然、人与人、人与社会的对立状态，必须消灭资本主义生产方式及资本主义制度，建立以公有制为基础的共产主义社会，唯有如此，人实现了对自己本质的真正占有，不再受他物和异己的支配，才能真正实现人与自然、人与人、人与社会的高度协调与和谐。这就是马克思"任何解放都是使人的世界即各种关系回归于人自身"和恩格斯"人类与自然的和解以及人同人本身的和解"的思想。

"人类与自然的和解"。其实质是"人同自然界的完成了的本质的统一，是自然界的真正复活，是人的实现了的自然主义和自然界的实现了的人道主义"②。人与自然界之间的互动，其实践基础是物质生产活动，它一方面表现为人通过物质生产活动，"不仅使自然物发生形式变化，同时他还在自然物中实现自己的目的"③。另一方面，这种互动又表现为人的自然化，人通过自身的实践活动来丰富充实自己的生命活动。因为"人在生产中只能像自然本身那样发挥作用，就是说，只能改变物质的形式。不仅如此，他在这种改变形态的劳动本身中还要经常依靠自然力的帮助"④。所以说，人与自然的和解，要求人充分有效地利用、开发和改造自然，实现人类发展和自然发展的辩证统一。

"人同人本身的和解"。其昭示的是人与人、人与社会的和谐互动关系，而要实现这一点就必须消灭私有制，消灭资本主义。在马克思恩格斯看来，资本主义社会是造成环境污染的重要的社会根源。因为，资本主义社会尽管加强了人们之间的相互联系和普遍性交往，促进了经济社会的发展和世界历史的形成。但与此同时，以私有制为主体的这种社会制度也加深了人们之间的相互分裂和对抗，阻碍着经济社会和世界性普遍交往的进一步发展，从而制约着经济社会的健康持续发展。马克思在《1844年经济学哲学手稿》中也

①《马克思恩格斯文集》第1卷，人民出版社2009年版，第187页。
②《马克思恩格斯文集》第1卷，人民出版社2009年版，第187页。
③《马克思恩格斯文集》第5卷，人民出版社2009年版，第208页。
④《马克思恩格斯文集》第5卷，人民出版社2009年版，第56页。

明确指出："共产主义，作为完成了的自然主义，等于人道主义，而作为完成了的人道主义，等于自然主义，它是人和自然界之间、人和人之间的矛盾的真正解决，是存在和本质、对象化和自我确证、自由和必然、个体和类之间的斗争的真正解决。"[1]"人们对自然界的狭隘的关系决定着他们之间的狭隘的关系，而他们之间的狭隘的关系又决定着他们对自然界的狭隘的关系。"[2] 可见，只有在共产主义社会，才能真正实现人与自然之间、人与人之间的关系的协调，使人成为自然界的自觉的和真正的主人，才能实现人与自然的和解及人类本身的和解。建立有利于人与人、人与社会和谐相处的社会制度，这实际上是推动社会发展，实现"人同人本身的和解"的根本途径。

"两个和解"是内在统一的。"两个和解"即"人类与自然界的和解"与"人同人本身的和解"。其中，"人类与自然的和解"是"人类本身的和解"的物质基础，"人类本身的和解"则是"人类与自然的和解"的社会前提。因此，人与自然和人与人、人与社会的关系是相互联系的有机整体，"两个和解"是相辅相成和互为条件的，而两者只有在未来的共产主义社会才能实现真正的内在统一。因为在那个时候，"社会上的一部分人靠牺牲另一部分人来强制和垄断社会发展（包括这种发展的物质方面和精神方面的利益）的现象将会消灭；……社会化的人，联合起来的生产者，将合理地调节他们和自然界之间的物质变换，把它置于他们的共同控制之下，而不让它作为盲目的力量来统治自己；靠消耗最小的力量，在最无愧于和最适合于他们的人类本性的条件下来进行这种物质变换"[3]。

"两个和解"的思想，对人们正确认识人与自然的关系，认识人与人的关系都具有重要的价值和意义，是推进人类社会可持续发展的重要理论基础。人类要在正确认识和遵循自然规律的基础上，坚持从"人类与自然的和解"走向"人同人本身的和解"，唯一的出路就是废除资本主义私有制，实现共产主义，真正实现人与自然的和谐统一。

---

[1] 《马克思恩格斯文集》第1卷，人民出版社2009年版，第185页。

[2] 《马克思恩格斯文集》第1卷，人民出版社2009年版，第534页。

[3] 《马克思恩格斯全集》第25卷，人民出版社1974年版，第926—927页。

上述马克思恩格斯关于人与自然的关系论述蕴含着丰富的生态思想，具有深刻的前瞻性。建设美丽中国，建设社会主义生态文明恰恰是对马克思主义生态观点的继承、创新和发展。

二、建设生态文明是中国传统生态文化的现代转化

中华民族向来尊重自然、热爱自然，绵延 5000 多年的中华文明孕育着丰富的生态文化，积淀了丰厚的生态智慧，蕴藏着丰富的生态文明思想。《易经》中说，"观乎天文，以察时变；观乎人文，以化成天下"，"财成天地之道，辅相天地之宜"。《老子》中说："人法地，地法天，天法道，道法自然。"《孟子》中说："不违农时，谷不可胜食也；数罟不入洿池，鱼鳖不可胜食也；斧斤以时入山林，材木不可胜用也。"《荀子》中说："草木荣华滋硕之时则斧斤不入山林，不夭其生，不绝其长也。"《齐民要术》中有"顺天时，量地利，则用力少而成功多"的记述。这些观念都强调要把天、地、人统一起来，把自然生态同人类文明联系起来，按照大自然规律活动，取之有时，用之有度，表达了我们的先人对处理人与自然关系的重要认识，无不彰显出中华民族独特、系统和完整的人与自然和谐共存观念体系。习近平总书记指出："我们中华文明传承五千多年，积淀了丰富的生态智慧。'天人合一'、'道法自然'的哲理思想，'劝君莫打三春鸟，儿在巢中望母归'的经典诗句，'一粥一饭，当思来处不易；半丝半缕，恒念物力维艰'的治家格言，这些质朴睿智的自然观，至今仍给人以深刻警示和启迪。"[①] 具体来看，中华民族传统生态智慧主要包含以下几个观点：

（一）强调天人合一

锦绣中华大地，是中华民族赖以生存和发展的家园，孕育了中华民族

---

① 《让绿水青山造福人民泽被子孙——习近平总书记关于生态文明建设重要论述综述》，《人民日报》2021 年 6 月 3 日，第 1 版。

5000 多年的灿烂文明，造就了中华民族天人合一的崇高追求。众所周知，中华文明起源于农业文明，而农耕活动主要依赖于天时地利。因此，关于人与自然和谐共生、天人合一等思想，在我国源远流长，是中国古老的农耕文明的重要表现。这些思想不仅保留着古代农业文明条件下人与自然和谐相处的思想精华，而且为解决现实世界人与自然的关系提供了独特的价值。

天人合一，作为我国传统文化中的重要命题，不仅是一种宇宙观、道德观，也是一种生态观，包含着对人与自然和谐关系的追求，其核心是强调人与自然的统一性，人与天地和自然界的万物不仅是平等的，而且是融为一体的。

据目前考古发现，在公元前 10000—前 8000 年，中国古人即在农业生产活动中对天与人的关系做了实践性的探索。较早试图将自然与人类进行整体把握的是伏羲氏，他创作了乾、坤、震、巽、坎、离、艮、兑八卦，将所有自然界现象归结到八卦，认为了解了八卦就能了解自然和人类社会。后来周文王、周公对此作了进一步发挥，形成了古代论述天人关系的经典性作品《周易》。《周易》对天道、地道、人道的内在贯通性进行阐述，提出"与天地合其德，与日月合其明，与四时合其序"的经典命题，建立了中国古代天人关系的基本框架，是历代思想家尤其是儒家学者进一步阐述天人关系的主要依据。

"天人合一"的观念认为，人是自然界的一部分，天与人是有机统一的整体，"有天地，然后万物生焉"①，人和万物一样，是天地的产物，自然界是先于人类社会而存在的，人是在自然世界漫长的演进过程中逐步形成的，是自然界的一部分。

相传孔子作《易传》，在《说卦传》中说："昔者圣人之作易也，将以顺性命之理。是以，立天之道，曰阴阳；立地之道，曰柔刚；立人之道，曰仁义。"《易传》以天地人"三才"之理作为自然法则，建立有条理的世界体系。孔子说："天何言哉？四时行焉，百物生焉，天何言哉？"

孟子以"诚"作为天人合一理论的指向。孟子认为"天人相通"，人要以

---

① 《周易》，杨天才译注，中华书局 2016 年版，第 420 页。

仁义道德来约束自己，以求天人合德；《中庸》把"诚"视为天的本性，是天地万物存在的根本；"诚者物之始也，不诚无物"，从而要求人以"诚"这一道德达到"天地人合"。

荀子认为，天地合而万物生，阴阳接而变化起。这里讲的就是自然与人类的平等关系。儒家认为，天地万物一体之仁。这里的"仁"就是儒家的道德本性。汉代王充认为，一天一地，并生万物，万物之生，俱得一气。这里说自然万物和人类在本质上是一致的，要求在处理人类和自然界的关系上做到"仁"，也就是和谐统一的"泛爱万物，天地一体"。"天人合一"的另外一层含义是把人类放到自然中来认识，而不是将人看作自然的主人，人与自然和谐相处的目的，是最终达到自然和人类的发展与共荣。

汉代董仲舒则认为"天人相类"，天人之间具有微妙的相互感应关系，"天地人"三者处于不同的位置，有不同的作用，但它们是"合而为一"的。董仲舒说："天德施，地德化，人德义。天气上，地气下，人气在其间。"[1] 他认为，天是万物之本，人和其他万事万物都是由天而生的。人既然是天派生的，那么就像子如其父一样，人应该处处都与天相类似，"人有三百六十节，偶天之数也；形体骨肉，偶地之厚也。上有耳目聪明，日月之象也；体有空窍理脉，川谷之象也；心有哀乐喜怒，神气之类也。观人之体，一何高物之甚，而类于天也"[2]。人的身体构造与天相类似，在情感和意志方面也与天相类似，"天亦有喜怒之气、哀乐之心，与人相副。以类合之，天人一也。春，喜气也，故生；秋，怒气也，故杀；夏，乐气也，故养；冬，哀气也，故藏。四者，天人同有之，有其理而一用之"[3]。因此，在《春秋繁露·深察名号》里，董仲舒第一次明确地提出了"事各顺于名，名各顺于天，天人之际，合而为一"[4] 的"天人合一"的理念。总之，天和人是同类，"以类合之，天人一也"。因此，人是天所生，人做错了事，天就会谴责，人类如果执迷不悟，天就会惩处人类。所以，

---

① 《春秋繁露》，张世亮、钟肇鹏、周桂钿译注，中华书局 2012 年版，第 473 页。

② 《春秋繁露》，张世亮、钟肇鹏、周桂钿译注，中华书局 2012 年版，第 474 页。

③ 《春秋繁露》，张世亮、钟肇鹏、周桂钿译注，中华书局 2012 年版，第 446 页。

④ 《春秋繁露》，张世亮、钟肇鹏、周桂钿译注，中华书局 2012 年版，第 369 页。

人就要顺应自然。

到了宋明时期，程颢提出"天人一本"。朱熹则认为，天地以生物为中心，人与物的生存又以天地之心为心，人与天地万物是一个统一的整体，遵循自然规律才能共同生存发展。张载提出了处理人与自然万物关系的基本态度和伦理主张，他说："大其心则能体天下之物，物有本体，则心为有外。世人之心，止于见闻之狭。圣人尽性，不以见闻梏其心，其视天下无一物非我。"[①]"为天地立心"而不凌驾于其上，使天道天德融入人性而得以呈现、流行，这是张载哲学的价值旨归。张载说："性者万物之一源，非有我之得私也。惟大人为能尽其道，是故立必俱立，知必周知，爱必兼爱，成不独成。"[②]人若要爱自己，必须兼爱他人和万物；人若要成长发展，必须要让万物成长发展。

总之，"天人合一"思想最终所追求的目标是"与天地参""辅相天地之宜"，使人与自然和谐相处、共同发展。整个大自然被看成一个大的生命整体，在这一生命整体内部的万事万物互相联系，互相渗透，相互感应，相互贯通。因此，人必须敬畏自然、服从自然、顺应自然。破坏了自然，也就破坏了人类的生存环境，实际上也就伤害了人类本身。只有人与自然和谐相处，人类社会的发展与自然的发展相协调，才能真正实现和保障人类的发展进步。

（二）强调尊重自然规律

自然具有自己的规律，人必须尊重自然规律。不与自然规律相违，这是中国古代先哲的一贯思想。在他们看来，自然有其独立性，斗转星移、春华秋实都因循自然的运行规律。孔子明确提出："四时行焉，万物生焉。"荀子从哲理层面阐述了尊重自然规律的重要性："天有其时，地有其财，人有其治，夫是之谓能参。舍其所以参，而愿其所参，则惑矣！"[③]他进一步指出："天不为人之恶寒也辍冬；地不为人之恶辽远也辍广。"[④]"天行有常，不为尧存，不

---

① 《张载集》，章锡琛点校，中华书局 1978 年版，第 24 页。
② 《张载集》，章锡琛点校，中华书局 1978 年版，第 21 页。
③ 《荀子》，安小兰译注，中华书局 2016 年版，第 115 页。
④ 《荀子》，安小兰译注，中华书局 2016 年版，第 122 页。

为桀亡。应之以治则吉，应之以乱则凶。强本而节用，则天不能贫；养备而动时，则天不能病；循道而不忒，则天不能祸。故水旱不能使之饥渴，寒暑不能使之疾，袄怪不能使之凶。本荒而用侈，则天不能使之富；养略而动罕，则天不能使之全；倍道而妄行，则天不能使之吉。故水旱未至而饥，寒暑未薄而疾，袄怪未至而凶。受时与治世同，而殃祸与治世异，不可以怨天，其道然也。故明于天人之分，则可谓至人矣。"① "财非其类，以养其类，夫是谓之天养。顺其类者谓之福，逆其类者谓之祸，夫是之谓天政。"②《管子》中也有类似见解，告诫人不可"上逆天道，下绝地理"，否则"天不予时，地不生财"。西汉淮南王刘安所作《淮南子》中有云："禹决江疏河以为天下兴利，而不能使水西流；稷辟土垦草，以为百姓力农，然不能使禾冬生，岂其人事不至哉？其势不可也。""天下之事，不可为也，因其自然而推之。""夫舟浮于水，车转于陆，此势之自然也。"

北魏农学家贾思勰有言："顺天时，量地利，则用力少而成功多。任情返道，劳而无获。"《周易·乾卦》："夫大人者，与天地合其德，与日月合其明，与四时合其序，与鬼神合其凶，先天而弗违，后天而奉天时。"就是说，在天地人的关系中强调按自然规律办事，顺应自然。"上因天时，下尽地财，中用人力，是以群生遂长，五谷蕃植。"③正是对自然的尊重，使中华文明延续至今，这就是中国古人的智慧。

而道家崇尚自然无为，主张"道法自然"，提倡以人道合乎天道，实质上也就是强调要尊重自然规律。在道家看来，人与天地万物同源而生，人不过是"域中四大"之一，应遵守道的自然法则，即所谓"人法地，地法天，天法道，道法自然"。"道法自然"体现在人道上，就是要认识天地万物运动变化的规律。道家创始人老子提出了"万物一体"思想，把"道"看成宇宙的本原，认为万事万物都由道而生。道在第一，天地由道而生，万物与人既是平等又是相互联系的，反对人为、机心，主张顺道而为，复归于朴。"道生一，一生二，二

① 《荀子》，安小兰译注，中华书局 2016 年版，第 115 页。

② 《荀子》，安小兰译注，中华书局 2016 年版，第 118 页。

③ 《淮南子》，陈广忠译注，中华书局 2016 年版，第 176 页。

生三，三生万物。"道是万物之宗，万物之始。道家崇尚"自然"，希望通过"道法自然"，实现人道契合、人道为一。老子云："有物混成，先天地生。""吾不知其名，字之曰道。""故道大、天大、地大、人亦大。"① 人要效法地，地要效法天，天要效法道，而道无非是自然法则。因此，要对自然依恋、倾心，更要对自然规律敬畏。

庄子进一步发展了老子的天人观，强调人与自然的统一，倡导返璞归真，"与天为一"的人生境界。在人与自然的关系上，庄子提出"与天为一""与天为徒"的思想，认为，人生存的最高境界就是把握人在宇宙中的地位，洞察人与天地万物的关系，自觉地追求天与人相统一的"道"境。人作为万物之一，只是万物中平等的一员。《庄子·秋水》中说："号物之数谓之万，人处一焉；人卒九州，谷食之所生，舟车之所通，人处一焉；此其比万物也，不似毫末之在于马体乎？"② 人应该融入自然，自然而然地、完全按事物的本性去发展，任万物自然生长。他说："凫胫虽短，续之则忧；鹤胫虽长，断之则悲。故性长非所断、性短非所续，无所去忧也。"③ 鸟类的脚有长有短，这是自然赋予的，人不能改变这种自然状态，否则，只能造成悲剧。"当是时也，阴阳和静，鬼神不扰，四时得节，万物不伤，群生不夭，人虽有知，无所用之，此之谓至一。当是时也，莫之为而常自然。"④ 庄子说："万物皆种也，以不同形相禅，始卒若环，莫得其伦，是谓天均。天均者天倪也。"⑤ 也就是说，万物都是相互联系和变化的，要对万物采取莫之为而安于自然的态度。因此，人作为宇宙中的一大存在，人是自然界的一部分，必须服从自然规律，人类应该按照天地的自然之道去对待万物，对万物的利用要按照人类生命的自然需要，采取合理的态度，反对过分贪欲。庄子还以"鲁侯养鸟"的故事为例，提出了两种对待自然的态度。"昔者海鸟止于鲁郊，鲁侯御而觞之于庙，奏《九韶》以

---

① 《道德经》，李若水译评，中国华侨出版社 2014 年版，第 94 页。
② 《庄子今注今译》，陈鼓应注译，中华书局 2020 年版，第 423 页。
③ 《庄子今注今译》，陈鼓应注译，中华书局 2020 年版，第 245 页。
④ 《庄子今注今译》，陈鼓应注译，中华书局 2020 年版，第 414—415 页。
⑤ 《庄子今注今译》，陈鼓应注译，中华书局 2020 年版，第 729—730 页。

为乐，具太牢以为膳。鸟乃眩视忧悲，不敢食一脔，不敢饮一杯，三日而死。此以己养养鸟也，非以鸟养养鸟也。"[1] 这表明了庄子的鲜明态度，不要人为地破坏自然。因此，人们要顺应规律，积极主动地有所作为。

（三）强调保护自然环境，维护生态平衡，使自然资源得以永续利用

万事万物都有其存在的价值，万物的变化都是有规律可以遵循的。人必须尊重天道，合理利用自然，从而使万物能够有序运行，保障和维护人类的发展和稳定。

中国古人高度重视生态保护的内在自觉性，要求把尊重自然万物的价值、爱护自然万物的生命，转化为人类的内在自觉。"中国古代的统治者十分重视通过法律法规来调整人与自然的关系，对自然环境给予保护。四千年前的夏朝，规定春天不准砍伐树木，夏天不准捕鱼，禁止搏杀幼兽和猎取鸟蛋；三千年前的周朝，根据气候节令，严格规定了打猎、捕鸟、捕鱼、砍树、烧荒的时间；两千年前的秦朝，禁止春天采集刚刚发芽的植物，禁止捕捉幼小的野兽，禁止毒杀鱼鳖。此后的历朝历代，也有不少明确保护环境的法规与禁令，如 1975 年从湖北云梦发掘出来的《秦律》。"[2] 在《周书·大聚篇》中就有"春三月，山林不登斧斤，以成草木之长；夏三月，川泽不入网罟，以成鱼鳖之长"的古训。《秦·田律》中也有类似的规定："春二月，毋敢伐材木山林及雍堤水。不夏月，毋敢夜草为灰，取生荔麛（卵）、鷇……毋毒鱼鳖，置阱网。七月而纵之。"[3]

《礼记·月令》详述了每个月的日月星辰变化、动植物的特征，对人们在这个月应当做什么事、禁忌做什么事进行规定。据《尚书·周书》记载，中国至少从夏代开始就有禁止随意砍伐林木、捕捉鱼鳖的法令。周代则设有负

---

[1] 《庄子今注今译》，陈鼓应注译，中华书局 2020 年版，第 467 页。

[2] 中共中央组织部党员教育中心：《美丽中国：生态文明建设五讲》，人民出版社 2013 年版，第 20 页。

[3] 中共中央组织部党员教育中心：《美丽中国：生态文明建设五讲》，人民出版社 2013 年版，第 21 页。

责自然保护的专门官员，如"野虞"（保护鸟兽等生物）、"山虞"（保护山林）、"林衡"（保护平原地带的林木）、"川衡"（保护山川及物产）、"泽虞"（保护湖泽及物产）、"水虞"（保护川泽）等。管子将生态保护视为"王天下"的必要条件，指出"故为人君而不能谨守其山林菹泽草莱，不可以立为天下王"①。

孔子认为"断一树，杀一兽，不以其时，非孝也"②。孟子提出按照自然的规律和生物的特点去合理利用自然，他说："不违农时，谷不可胜食也；数罟不入洿池，鱼鳖不可胜食也；斧斤以时入山林，材木不可胜用也。谷与鱼鳖不可胜食，材木不可胜用，是使民养生丧死无憾也。养生丧死无憾，王道之始也。"③荀子发展了这一思想，他认为"君者，善群也。群道当则万物皆得其宜，六畜皆得其长，群生皆得其命。故养长时则六畜育；杀生时则草木殖"④。人类只有按照自然的规律去利用自然，才能维持社会的稳定和发展。人利用自然的行为一旦不适当，超越了自然的承受能力，就会发生灾害，最终受损失的还是人类自身。因此，人要充分认清自然的承载能力。庄子认为，如果人们不知其所止，自然秩序就将被弄得大乱，"天下皆知求其所不知，而莫知求其所已知者；皆知非其所不善，而莫知非其所已善者，是以大乱。故上悖日月之明，下烁山川之精，中堕四时之施；惴耎之虫，肖翘之物，莫不失其性"⑤。因此，要充分地尊重自然，保护自然，利用自然。

中国古人关于人与自然和谐相处、尊重自然规律和保护自然环境的生态智慧，是中华文化关于天人关系与人地关系的卓识远见。虽然历经几千年岁月，但依然闪耀着智慧光芒。建设美丽中国也恰恰是对中华传统生态智慧的继承和创新。对此，习近平总书记指出："我们的先人们早就认识到了生态环境的重要性。孔子说：'子钓而不纲，弋不射宿。'意思是不用大网打鱼，不射夜宿之鸟。荀子说：'草木荣华滋硕之时则斧斤不入山林，不夭其生，不绝其

---

① 《管子》，李山、轩新丽译注，中华书局 2019 年版，第 1043 页。

② 《礼记》，钱兴奇译注，江苏人民出版社 2019 年版，第 797 页。

③ 《孟子》，万丽华、蓝旭译注，中华书局 2006 年版，第 5 页。

④ 《荀子》，安小兰译注，中华书局 2016 年版，第 97 页。

⑤ 《庄子今注今译》，陈鼓应注译，中华书局 2020 年版，第 276 页。

长也；鼋鼍、鱼鳖、鳅鳝孕别之时，罔罟、毒药不入泽，不夭其生，不绝其长也。'《吕氏春秋》中说：'竭泽而渔，岂不获得？而明年无鱼；焚薮而田，岂不获得？而明年无兽。'这些关于对自然要取之以时、取之有度的思想，有十分重要的现实意义。"[①] 当然，我们也必须认清，我国古代的生态文明智慧是在传统农业时代、封建社会所形成的，对其认识、吸纳和借鉴必须做到去伪存真，去其糟粕，取其精华。

三、建设生态文明是对西方生态思想的理论借鉴

生态文明理论与实践具有广阔而深厚的人类基础与国际视野。近代以来，人类伴随着工业化的步伐在物质文明建设方面取得了卓越的成效，但在这个过程中人类对自然环境过度的利用和破坏造成了严峻的生态问题，资源枯竭、环境污染、气候变暖、生物多样性破坏等成为困扰人类继续前进的最大障碍。20 世纪 60 年代以来，世界范围内各种生态思潮迅速发展，促使人们反思人类文明和生态系统之间的关系。

（一）绝不走"先污染后治理"的老路

"先污染后治理"曾经是一些西方发达国家走过的发展道路。现在看来，"先污染后治理"并不是人类社会发展的普遍规律，而是人类文明的创痛和教训。正是基于对这种历史教训的深刻反思，当代生态主义运动得以蓬勃发展。

当代生态主义运动的开启并非一帆风顺。从 19 世纪下半叶到 20 世纪初生态环境问题尚不明朗，只有一些先知先觉者从不同角度触及这一问题。"一战"后法国思想家史怀哲提出"敬畏生命"的全新生存伦理观，认为"敬畏生命、生命的休戚与共是世界中的大事"。美国林学家利奥波德则在 1947 年出版的《沙乡年鉴》中提出创建"大地伦理学"的任务，认为自然"是一个

[①] 《让绿水青山造福人民泽被子孙——习近平总书记关于生态文明建设重要论述综述》，《人民日报》2021 年 6 月 3 日，第 1 版。

高度组织起来的结构，它的功能的运转依赖于它的各种不同部分的相互配合和竞争"。1962年，美国生物学家、现代环境保护运动的启蒙者——蕾切尔·卡森出版了《寂静的春天》及其所引发的举世瞩目的"杀虫剂之争"，则是国际社会关注生态问题的开始。在这部引人深思的著作中，她在对环境污染问题进行考察、对传统行为和观念进行反思的基础上，用触目惊心的案例阐述了大量使用杀虫剂对人和环境产生的危害，揭示了工业文明背后人与自然的冲突，并指出人类用自己制造的毒药来提高农业产量无异于饮鸩止渴，人类应该走"另外的路"。"现在，我们正站在两条道路的交叉口上。但是这两条道路完全不一样，更与人们所熟悉的罗伯特·弗罗斯特的诗歌中的道路迥然不同。我们长期以来一直行驶的这条道路使人容易错认为是一条舒适的、平坦的、越级公路，我们能在上面高速前进。实际上，在这条路的终点却有灾难在等待着。这条路的另一个岔路——一条'很少有人走过的'岔路——为我们提供了最后唯一的机会让我们保住我们的地球。"[1] 她指出，人类一方面在创造高度文明，另一方面又在毁灭自己的文明，生态环境问题如不解决，人类将生活在"幸福的坟墓"之中。《寂静的春天》对传统的"向自然宣战"和"征服自然"等理念提出了严厉批评和挑战。然而，该书的出版使她承受了来自化学工业界和政府部门的巨大压力和攻击，她被指责为"杞人忧天者""自然平衡论者"，但她在身患重病、面对人身攻击的巨大压力下仍坚持自己的观点，直到美国政府公开承认书中的观点。应该说，《寂静的春天》不仅唤醒了公众的环境保护意识，而且对人类文明的发展及生态文明时代的到来有着直接的推动作用和贡献。

在一些环境意识启蒙者的推动下，生态主义运动逐渐在世界范围内衍生开来，不断促使人们重新思考"先污染后治理"发展方式。20世纪末，环境经济学家格罗斯曼和克鲁格基于42个国家横截面数据的分析，提出了著名的环境库兹涅茨曲线（EKC）假说。该假说指出，在某一地区经济起飞阶段，随着经济发展水平不断提高污染物排放总量会增加，而当经济增长和环境恶

---

① ［美］蕾切尔·卡森：《寂静的春天》，上海译文出版社 2008 年版，第 132—133 页。

化达到拐点时污染物排放总量会逐步下降，即环境污染和经济发展之间表现出的倒 U 形曲线关系反映了经济社会发展的一般规律。此后，这一假说得到了大量基于各类不同国家、不同污染物及不同环境要素质量与经济发展数据的实证研究的验证。在总结发展的教训之后，西方发达国家逐步发展起以环境污染治理技术、产业清洁生产技术和环境影响评价为代表的环境管理制度，在一定程度上为此后避免先污染后治理提供了可能。发达国家环境污染治理技术、清洁生产技术和环境管理的进步，也给后发国家提供了缓解先污染后治理压力的借鉴，鼓励人们依据自然环境条件进行合理的主体功能布局，在一定的经济发展条件下控制污染物的产生和排放，将污染控制在生态环境的自净能力范围，尽力降低环境危机的危害。

（二）人类的活动不能超越地球支撑这种活动的能力限度

20 世纪 60 年代，麻省理工学院杰伊·福里斯特教授创立了一门新的科学"系统动力学"，70 年代享誉全球的国际组织罗马俱乐部资助麻省理工学院系统动力学小组，利用系统动力学建模技术对地球生态系统与经济增长之间的动态关系进行了定量研究，其研究成果《增长的极限》于 1972 年发表。该著作就人口增长、粮食生产、资源消耗、工业化发展、环境污染等五个基本问题进行了阐述，认为人口和经济是按照指数方式发展的，属于无限制的系统；粮食、资源和环境却是按照算术方式发展的，属于有限制的系统。该著作认为，地球是有限的，人类的活动不能超越地球支撑这种活动的能力限度：由于增长并不是大多数人默认的线性过程，而是每年按指数增长的模式增长，很快就会产生巨大的数量，而增长除了带来污染外，还以资源消耗为条件，资源的有限性会迫使增长面临资源不足的困境，有朝一日会出乎意料地突然接近地球的临界点。也就是说，由于人口增长、粮食短缺、资源消耗和环境污染等因素在某个时期达到极限，使经济发生不可控制的衰退，地球会超过自身的极限，而避免超越地球资源极限而导致的世界崩溃的最好方法是限制增长。他们的最终结论是：1. 如果在世界人口、工业化、污染、粮食生产和资源消耗方面现在的趋势继续下去，这个行星上增长的极限有朝一日将在今后 100

年中发生。最可能的结果将是人口和工业生产力双方有相当突然的和不可控制的衰退。2. 改变这种增长趋势和建立稳定的生态和经济的条件，以支撑遥远未来是可能的。全球均衡状态可以这样来设计，使地球上每个人的基本物质需要得到满足而且每个人有实现他个人潜力的平等机会。3. 如果世界人民决心追求第二种结果，而不是第一种结果，他们为达到这种结果而开始工作得愈快，他们成功的可能性就愈大。

《增长的极限》第一次提出了地球的极限和人类社会发展的极限的观点，对人类社会不断追求增长的发展模式提出了质疑和警告，对当时正陶醉于高增长、高消费的"黄金时代"的西方发达国家给予了严重警告，再一次给人类社会的传统发展模式敲响了警钟。尽管一开始人们对该观点争议很大，但随着时间的推移，《增长的极限》这项研究的一些结论陆续得到验证，国际社会也行动起来采取一些措施，掀起了世界性的环境保护热潮，标志着人类生态文明意识的进一步觉醒，由此也促成了可持续发展概念的提出。

1987 年，联合国环境与发展委员会具体阐述了全球生态环境问题："温室效应"加剧、臭氧层破坏、物种灭绝、土壤流失和土壤退化、沙漠日益扩大、森林锐减、大气污染日益严重以及水污染加剧等。在此基础上，联合国环境与发展委员会发表了《我们共同的未来》研究报告。报告深刻反思了"唯经济发展"理念的弊端，全面论述了 20 世纪人类面临的和平、发展、环境三大主题之间的内在联系，并第一次阐明了可持续发展的含义："既满足当代人的需要，又不对后代人满足其需要的能力构成危害的发展。"并指出"我们需要有一条新的发展道路，这条道路不是仅能在若干年内、在若干地方支持人类进步的道路，而是一直到遥远的未来都能支持全球人类进步的道路"。这是人类建构生态文明的第一个国际文献。1992 年联合国环境与发展大会上，包括中国在内的 100 多个与会国普遍接受了可持续发展这一理念，经过之后持续的发展演化，形成了包含经济发展、社会进步和环境保护三个支柱及以消除贫困、保护自然、转变不可持续的生产和消费方式为核心要素的综合发展框架。至此，可持续发展理念在全球得到广泛传播，国际社会对可持续发展的认识和实践不断深化发展，全球绿色进程提速。

2016 年 9 月，联合国 193 个会员国一致通过"2030 年可持续发展议程"，该议程中包含的 17 项可持续发展目标是人类的共同愿景，涉及发达国家和发展中国家人民的需求并强调不会落下任何一个人，可谓是世界各国领导人与各国人民之间达成的社会契约，既是一份造福人类和地球的行动清单，也是谋求取得成功的一幅蓝图。面向 2030 年的可持续发展议程集目标、行动、实施路径和手段于一体，在 2000 年联合国提出的以"减贫"为核心的千年发展目标基础上，提出了综合的可持续发展目标，力图消除贫困、保护地球，通过构建全球伙伴关系，培育一个和平、公正、包容的社会，让所有人共享繁荣。其 17 个相互联系的可持续发展目标和 169 个具体指标涵盖了消除贫困和饥饿、保障健康生活和受教育权利、维护性别平等、促进就业、重视水资源、保障人人享有可持续能源、应对气候变化、保护海洋资源和陆地生态系统、推动可持续工业化与创新、加强可持续发展全球伙伴关系等内容。同时，新议程十分注重实施路线图和手段，规定了跟踪和监督机制，特别强调合作和构建伙伴关系，并建立相应的金融保障体系，呼吁发达国家兑现发展援助承诺。与千年发展目标相比，可持续发展目标的标准更高、覆盖面更广，指标之间的关联性更强，反映了国际社会对可持续发展的最新认识和发展需求的日益多样化。

（三）尊重大自然本身的价值

当代生态思潮的历史渊源最早可以追溯到 19 世纪英国思想家边沁的功利主义学说，但那个时代的指导思想是功利性的人类中心主义自然观，其目的和出发点都是保证人类的持续利益，让自然为人类服务，而不是尊重大自然本身的价值。20 世纪上半叶，人们对生态环境的关注已上升到伦理价值的层面，对自然的征服和厌恶之情逐渐让位于欣赏和赞美，提出了"大地伦理""敬畏生命""尊重自然"等伦理主张。利奥波德作为生态伦理学的奠基人，早在 1923 年就用一种生态学的平等视角将自然喻为由不同生命器官组成的机能性整体，即"大地共同体"，并在几年以后发表了"大地伦理学"的著名论文。利奥波德把包括人类的经济行为在内的一切行为都纳入保护自然整体利益的道德规范中，从而开创了人们关注环境保护的新纪元。他指出："抛弃那种合理的大地利用只是经济利用的传统思路，考察每一个伦理学和美学方面什么是正当的问题，也考察经济方面什么是有利的问题。当一切事情趋向于保护生物共同体的完整、稳定和美丽时，它就是正确的，当一切事情趋向相反的结果时，它就是错误的。"① 这样，利奥波德首次确立了生态价值的核心在于"保护生物共同体的完整、稳定和美丽"，并把这一目标上升到评判人类活动是非善恶标准的意义上。20 世纪下半叶，由于全球生态危机日益加深，人们在反思、批判传统发展观的同时，提出新的发展观——生态伦理发展观，代表人物和著作主要有纳什的《大自然的权利》、弗·冯·维塞尔的《自然的价值》、卡普拉的《转折点》等。在此基础上，一大批生态哲学著作陆续公开发表，明确提出了生态中心主义发展观，这种观念贯穿在埃利奥特和阿伦·伽的《环境哲学》、雷根的《基于地球》、罗尔斯顿的《哲学走向荒野》、考利科特的《捍卫大地伦理学》等著述中。生态中心主义发展观是基于反思西方工业文明弊病的哲学思考，是走向生态文明的基本价值理念。事实已经证明，工业文明走的是"人类战胜自然、掠夺自然"的道路，遵循的是"资本至上""利润至上""经济增长至上"的逻辑，在处理人类与大自然的关系上，存在很大的片面性、破坏性，犯下了其自身不可能纠正和补救的历史性错误。显然，只有走向生态文明，树立尊重自然、顺应自然、保护自然的生态文明理念，走上生产发展、生活富裕、生态良好的文明发展道路，人类经济社会的全面协调可持续发展才有可能。

在现代生态主义运动的影响下，环境史逐渐发展成为一门新的史学流派，就是要通过地球的眼睛来观察过去，它要探求在历史的不同时期，人类和自然环境相互作用的各种方式。环境史抛弃原来那种以人类社会为唯一视角的研究范式，主张"让环境进入历史，使人类回归自然"，从一个崭新的角度重新审视人类社会的历史变迁以及人与自然关系的演变，从而可以使人类更深刻地认识到人类根本利益之所在，放弃过去那种以强势的人类中心主义为指

---

① ［美］利奥波德:《沙乡年鉴》，吉林人民出版社 1997 年版，第 213 页。

导思想的生产和生活方式，寻求人与自然的和谐。在环境史研究的启发下，各个学科也纷纷做出反应，将环境因素纳入考察的视野，因而出现了诸如生态马克思主义、生态女权主义、环境经济学、环境政治学等新型学科。现代化理论也不例外，出现了所谓的生态现代化，指望通过技术创新，在不改变既有发展模式的基础上解决现代化中所出现的环境问题。而环境经济学家们则热切期望着"生态拐点"的早日到来。其实，现代经济发展中所出现的各种社会和环境问题仅仅靠技术是无法解决的，而生态拐点也并不会如其倡导者所乐观预测的那样等人均国民生产总值达到5000美元以后就会自动到来。许多国家之所以在20世纪初期走上保护主义的道路，与此前民间保护力量的发展与整个社会环境意识的觉醒有着巨大的关系。

因此，我们既要借鉴西方发达国家治理污染的经验教训，更要汲取当代生态主义运动蕴含的生态价值观和生态智慧，积极顺应当今世界人类文明转型的历史潮流，牢固树立社会主义生态文明观，自觉秉持"还自然以宁静、和谐、美丽"新理念，推动形成人与自然和谐发展现代化建设新格局，为保护生态环境作出我们这代人的努力。

四、建设生态文明是中国共产党人一以贯之的不懈追求

生态环境是人类生存和发展的根基，生态环境变化直接影响文明兴衰演替。自新中国成立以来，我们党一以贯之地重视环境，重视生态文明建设，积累了宝贵的经验。

（一）以毛泽东同志为主要代表的中国共产党人的生态理论与实践

1949年中华人民共和国成立，中国共产党人面临着百废待兴的国家，尽管当时国家的主要任务是发展经济，让人民过上衣食无忧的好日子，但以毛泽东同志为核心的党的第一代中央领导集体，十分关心生态建设，在生态理论和实践方面做了很多有益的探索。这一时期的生态文明理论与实践探索为我国生态文明建设留下了宝贵的财富，主要有兴修水利、保持水土、植树造林、

绿化祖国等。毛泽东在《论十大关系》中就曾明确指出，"天上的空气，地上的森林，地下的宝藏，都是建设社会主义所需要的重要因素"①。具体而言，毛泽东时期的生态理论与实践主要有以下几个方面的内容：一是兴修水利、造福人民。毛泽东十分重视兴修水利，他提出"水利是农业的命脉""发展农业、畜牧业，首先要发展水利工作，这里包括水闸、蓄水沟、水沟等工程"②的著名论断。20世纪50年代，毛泽东同志指示"一定要把淮河修好"，新中国拉开了治理淮河的序幕，也开始了对大江大河水患的根治工作，治理海河工程、荆江分洪工程、官厅水库工程和治理黄河工程全面开启。面对南涝北旱的现实，毛泽东以战略家的眼光，提出了南水北调的构想，"南方水多，北方水少，如有可能，调一些是可以的，能多调些更好"③。可以说，正是在毛泽东的决策指导下，新中国的水利事业取得了巨大成就。二是保持水土、绿化祖国。实际上，对于"绿化祖国"这一问题，毛泽东同志在革命战争年代就有着深刻的认识。比如说，在1944年延安大学开学典礼上，毛泽东同志就指出："陕北的山头都是光的，像个和尚头，我们要种树，使它长上头发。种树要订一个计划，如果每家种一百棵树，三十五万家就种三千五百万棵树。搞他个十年八年，'十年树木，百年树人'。"④20世纪50年代毛泽东提出了"绿化祖国"的要求。他说："我看特别是北方的荒山应当绿化，也完全可以绿化。……南北各地在多少年以内，我们能够看到绿化就好。这件事情对农业，对工业，对各方面都有利。"⑤他计划"在十二年内，基本上消灭荒地荒山，在一切宅旁、村旁、路旁、水旁，以及荒地上荒山上，即在一切可能的地方，均要按规格种起树来，实行绿化"⑥。1958年，毛泽东主张在绿化的基础上实现园林化。"要使我们祖国的河山全部绿化起来，要达到园林化，到处都很美丽，自然面貌

---

① 《毛泽东文集》第7卷，人民出版社1999年版，第34页。

② 《建国以来毛泽东文稿》第6册，中央文献出版社1997年版，第216页。

③ 林一山、杨马林：《功盖大禹》，中共中央党校出版社1993年版，第66页。

④ 中共中央文献研究室、国家林业局：《毛泽东论林业（新编本）》，中央文献出版社2003年版，第20页。

⑤ 《毛泽东文集》第6卷，人民出版社1999年版，第475页。

⑥ 《毛泽东文集》第6卷，人民出版社1999年版，第509页。

要改变过来。……农村、城市统统要园林化，好像一个个花园一样。"① 毛泽东还主张借鉴国外经验实现园林化，他说："听说资本主义德国的道路、房屋旁边都是森林，是林荫道，搞得很好。资本主义国家能搞，为什么我们不能搞？我们现在这个国家刚刚开始建设，我看要用新的观点好好经营一下，有规划，搞得很美，是园林化。"② 1958 年 11 月，毛泽东提出了"美化全中国"的宏伟构想。"一切能够植树造林的地方都要努力植树造林，逐步绿化我们的国家，美化我国人民劳动、工作、学习和生活的环境。"③ 三是发展环保、治理污染。毛泽东在"文革"后期意识到，绝不能以自然环境的破坏为代价来发展生产。1972 年，我国派团参加联合国人类环境会议，周恩来同志在听取会议情况汇报后指示，对环境问题再也不能放任不管了，应当把它提到国家的议事日程上来。1973 年 8 月，第一次全国环境保护会议召开，1973 年 8 月党中央和国务院召开了第一次全国环境保护工作会议，确定"全面规划，合理布局，综合利用，化害为利，依靠群众，大家动手，保护环境，造福人民"的 32 字环境保护工作方针。会议针对我国在环境污染和生态破坏方面存在的突出问题进行了讨论研究，确定把环保工作作为工农业建设中的重点问题来抓，统一部署环保工作，并且审议通过了我国第一部环境保护的法规性文件《关于保护和改善环境的若干规定（试行草案）》，从而揭开了我国环境保护事业的序幕，为我国环保事业的建立和发展打下了基础。除此之外，毛泽东同志还十分反对浪费，重视节约资源，他指出，"必须注意尽一切努力最大限度地保存一切可用的生产资料和生活资料，采取办法坚决地反对任何人对于生产资料和生活资料的破坏和浪费，反对大吃大喝，注意节约"④。

① 中共中央文献研究室、国家林业局：《毛泽东论林业（新编本）》，中央文献出版社 2003 年版，第 51 页。

② 中共中央文献研究室、国家林业局：《毛泽东论林业（新编本）》，中央文献出版社 2003 年版，第 52 页。

③ 中共中央文献研究室、国家林业局：《毛泽东论林业（新编本）》，中央文献出版社 2003 年版，第 77 页。

④ 《毛泽东选集》第 4 卷，人民出版社 1991 年版，第 1316 页。

（二）以邓小平同志为主要代表的中国共产党人的生态理论与实践

改革开放之后，随着中国经济社会的快速发展，生态环境的压力也日益增大。以邓小平同志为核心的党的第二代中央领导集体对于这一问题高度关注，不仅反复强调环境保护战略决策，还将其上升为基本国策的高度。一是提倡植树造林、绿化祖国。1981 年 9 月 16 日，邓小平指出，"最近发生的洪灾问题涉及林业，涉及木材的过量采伐。中国的林业要上去，不采取一些有力措施不行。是否可以规定每人每年都要种几棵树，比如种三棵或五棵树，要包种包活，多种者受奖，无故不履行此项义务者受罚"[①]。不久，邓小平的建议马上被提上议事日程，国务院向全国人大提交的议案获得通过，规定每年的 3 月 12 日为我国的植树节。五届全国人大四次会议通过了《关于开展全民义务植树运动的决议》，以法律形式为每个适龄公民规定了每年植树三至五株的义务，推动了全国义务植树造林运动的蓬勃开展。1982 年 11 月 15 日，邓小平在会见来京参加中美能源资源环境会议的美国前驻中国大使伍德科克时深刻指出，"我们准备坚持植树造林，坚持二十年、五十年。这个事情耽误了，今年才算是认真开始。特别是在我国西北，有几十万平方公里的黄土高原，连草都不长，水土流失严重。黄河所以叫'黄'河，就是水土流失造成的。我们计划在那个地方先种草后种树，把黄土高原变成草原和牧区，就会给人们带来好处，人们就会富裕起来，生态环境也会发生很好的变化"[②]。二是兴修水利工程，减灾防灾。兴修水利设施可以避免水土流失，维持生态平衡。这一时期，我国修建了许多水利工程，江河治理取得了明显效果。不仅如此，邓小平也十分重视农田水利工程，他指出："农业除开化肥、农药以外，要着重解决水利问题。"[③]三是加强环境立法。早在 1978 年召开的五届全国人大常委会第一次会议通过了《中华人民共和国宪法》，明确规定："国家保护环境和自然资源，防治污染和其他公害。"这是新中国历史上第一次在宪法中对环

---

① 《邓小平年谱（1975—1997）》（下），中央文献出版社 2004 年版，第 771 页。

② 《邓小平年谱（1975—1997）》（下），中央文献出版社 2004 年版，第 867—868 页。

③ 《邓小平文选》第一卷，人民出版社 1993 年版，第 336 页。

境保护做出明确规定，为我国的生态治理奠定了宪法基础。1979 年 1 月 6 日，邓小平在同国务院负责人进行关于旅游工作的谈话时指出："北京要搞好环境，种草种树，绿化街道，管好园林，经过若干年，做到不露一块黄土。"①1979年 4 月 17 日，邓小平参加由中共中央政治局召开的中央工作会议各组召集人汇报会议，在谈到环境问题时说："全国污染严重的第一是兰州。桂林一个小化肥厂，就把整个桂林山水弄脏了，桂林山水的倒影都看不见了。北京要种草，种了草污染可以减少。所有民用锅炉，要改造一下，统一供热，一是节约燃料，二是减少污染。这件事要有人抓，抓不抓大不一样。要制定一些法律。北京的工厂污染问题要限期解决。"②1979 年 9 月，五届全国人大常委会第十二次会议通过了新中国的第一部环境保护基本法，即《中华人民共和国环境保护法（试行）》。随后，1981 年 2 月国务院作出了《关于在国民经济调整时期加强环境保护工作的决定》。《决定》指出："环境和自然资源，是人民赖以生存的基本条件，是发展生产、繁荣经济的物质源泉。管理好我国的环境，合理地开发和利用自然资源，是现代化建设的一项基本任务。长期以来，由于对环境问题缺认识以及经济工作中的失误，造成了生产建设和环境保护之间的比例失调。当前，我国环境的污染和自然环境、生态平衡的破坏已相当严重，影响人民生活，妨碍生产建设，成为国民经济发展中的一个突出问题。必须充分认识到，保护环境是全国人民的根本利益所在。"1989 年 12 月 26 日，第七届全国人民代表大会常务委员会第十一次会议通过了《中华人民共和国环境保护法》，中国的环境保护进入了法治阶段。四是确立环境保护基本国策，强调可持续发展。1983 年 12 月 31 日至 1984 年 1 月 7 日，第二次全国环境保护会议在北京召开。会议总结了我国环保事业的经验教训，对环境保护工作在社会主义现代化建设中的重要位置作出了重大的战略决策。时任国务院副总理李鹏在会议上宣布：保护环境是我国必须长期坚持的一项基本国策。将环境保护确定为基本国策，体现了我国政府对生态环境的高度重视。除此之外，

①　《邓小平年谱（1975—1997）》（下），中央文献出版社 2004 年版，第 466 页。

②　《邓小平年谱（1975—1997）》（上），中央文献出版社 2004 年版，第 506 页。

1989 年邓小平根据我国经济快速发展同资源、环境、人口等方面的矛盾，提出了社会主义的发展必须"能够持续、有后劲"①，初步阐明了可持续发展的思想。这实际上标志着我国生态文明建设进入了一个崭新的阶段。

（三）以江泽民同志为主要代表的中国共产党人的生态理论与实践

以江泽民同志为核心的党的第三代中央领导集体，面对复杂多变的国际国内形势，在处理好经济社会发展的同时，也对生态文明建设十分重视，将环境与发展统筹考虑，把可持续发展确定为国家发展战略，实施跨世纪绿色工程规划，向环境污染和生态破坏宣战，启动三河（淮河、海河、辽河）、三湖（滇池、太湖、巢湖）等重大污染治理工程，持续推进"三北"防护林体系、天然林保护等生态保护重大工程，提出推动整个社会走上生产发展、生活富裕、生态良好的文明发展道路。

在党的十四大报告中，江泽民强调指出，我们要"认真执行控制人口增长和加强环境保护的基本国策"。"要增强全民族的环境意识，保护和合理利用土地、矿藏、森林、水等自然资源，努力改善生态环境。"②1994 年，我国政府制定并批准通过了《中国 21 世纪议程——中国 21 世纪人口、环境与发展白皮书》。此白皮书系统地论述了我国经济、社会与环境的相互关系，构筑了一个综合性的、长期性的、渐进性的实现人与自然和谐发展的可持续发展的战略框架。在党的十五大报告中，江泽民强调指出，"我国是人口众多、资源相对不足的国家，在现代化建设中必须实施可持续发展战略"。要正确处理经济发展同人口、资源、环境的关系，把节约放在首位，提高资源利用效率，加强对环境污染的治理等。2001 年 7 月 1 日，江泽民在庆祝中国共产党成立 80 周年大会上的讲话中提出"要促进人和自然的协调与和谐，使人们在优美的生态环境中工作和生活"③。2002 年 11 月，党的十六大报告中，江泽民同志再次强调了生态文明建设的重要意义和价值，将全面建设小康社会的奋

① 《邓小平文选》第三卷，人民出版社 1993 年版，第 312 页。
② 《江泽民文选》第 1 卷，人民出版社 2006 年版，第 240 页。
③ 《江泽民文选》第 3 卷，人民出版社 2006 年版，第 295 页。

斗目标之一确定为："可持续发展能力不断增强，生态环境得到改善，资源利用效率显著提高，促进人与自然的和谐，推动整个社会走上生产发展、生活富裕、生态良好的文明发展道路。"① 具体来看：一是坚持经济与环境并举。江泽民认为经济发展要与环境保护并举，走健康的、可持续的发展之路。他指出，经济发展"必须与人口、资源、环境统筹考虑，不仅要安排好当前的发展，还要为子孙后代着想，为未来的发展创造更好的条件，绝不能走浪费资源和先污染后治理的路子，更不能吃祖宗饭、断子孙路"② 。二是提高人民环保意识。江泽民指出："广大干部群众都要提高环境意识，积极参与环境保护。我们相信，只要全党全社会都来关心和支持环境保护，我国环保事业就大有希望。"③ "要使广大干部群众在思想上真正明确，破坏环境就是破坏生产力，保护资源环境就是保护生产力，改善资源环境就是发展生产力。"④ 三是利用科技解决生态问题。江泽民指出："全球面临的资源、环境、生态、人口等重大问题的解决，都离不开科学技术。"⑤ 四是强调加强生态问题的国际合作。江泽民指出："人类共同生存的地球和共同拥有的天空，是不可分割的整体，保护地球，需要各国的共同行动。"⑥

（四）以胡锦涛同志为主要代表的中国共产党人的生态理论与实践

从党的十六大到党的十八大，以胡锦涛同志为总书记的党中央继续深化对中国特色社会主义生态文明建设的认识，提出了科学发展观和构建社会主义和谐社会、加快生态文明建设等一系列重大思想，把节约资源作为基本国策，把建设生态文明确定为国家发展战略和全面建成小康社会的重要目标，强调发展的可持续性，把生态文明建设纳入中国特色社会主义事业五位一体

---

① 《江泽民文选》第 3 卷，人民出版社 2006 年版，第 544 页。

② 《江泽民文选》第 1 卷，人民出版社 2006 年版，第 532 页。

③ 《江泽民文选》第 1 卷，人民出版社 2006 年版，第 536 页。

④ 《江泽民论有中国特色社会主义（专题摘编）》，中央文献出版社 2002 年版，第 282 页。

⑤ 江泽民：《论科学技术》，人民出版社 2001 年版，第 2 页。

⑥ 《江泽民论有中国特色社会主义（专题摘编）》，中央文献出版社 2002 年版，第 295 页。

总布局，生态环境保护事业在科学发展中不断创新。

众所周知，当我国进入新世纪新阶段，我国的社会主义现代化建设在取得了举世瞩目的巨大成就的新的历史起点上，却面临着以高投入、高消耗、高排放、低效率、低产出为特征的粗放经济增长方式与能源、资源、环境的矛盾日益尖锐等问题。以胡锦涛同志为总书记的党中央从党和国家事业发展的全局出发，总结我国发展实践，提出了科学发展观，强调要统筹人与自然和谐发展，要把握发展规律，创新发展理念，转变发展方式，提高发展的质量和效益，实现经济发展和人口、资源、环境相协调，坚持生产发展、生活富裕、生态良好的文明发展道路，建设资源节约型、环境友好型社会，使人民在良好的生态环境中生产和生活，实现经济社会永续发展。如在 2005 年 2 月，胡锦涛就明确指出，"我们要建设的社会主义和谐社会，应该是民主法治、公平正义、诚信友爱、充满活力、安定有序、人与自然和谐相处的社会"①。2006 年 10 月，党的十六届四中全会通过了《中共中央关于构建社会主义和谐社会若干重大问题的决定》并指出，民主法治、公平正义、诚信友爱、充满活力、安定有序、人与自然和谐相处，是构建社会主义和谐社会的总要求。因此，在社会主义和谐社会的思想中实际上包含着丰富的生态文明建设思想。

2007 年，党的十七大报告首次明确提出生态文明命题，初步明确了生态文明建设的目标、任务、要求和措施，指出要将生态文明纳入全面建设小康社会的总目标中，2020 年实现全面建设小康社会奋斗目标的新要求之一就是："建设生态文明，基本形成节约能源资源和保护生态环境的产业结构、增长方式、消费模式。循环经济形成较大规模，可再生能源比重显著上升。主要污染物排放得到有效控制，生态环境质量明显改善。生态文明观念在全社会牢固树立。"至此，建设生态文明首次写入党代会报告，成为党的行动纲领，成为社会主义现代化建设的战略指导思想，标志着我国正式进入生态文明建设的新征程。2007 年 12 月，胡锦涛在新进中央委员会的委员、候补委员学习

---

① 中共中央文献研究室：《十六大以来重要文献选编》（中），中央文献出版社 2006 年版，第706 页。

贯彻党的十七大精神研讨班上的讲话中指出："党的十七大强调要建设生态文明，这是我们党第一次把它作为一项战略任务明确提出来。建设生态文明，实质上就是要建设以资源环境承载力为基础、以自然规律为准则、以可持续发展为目标的资源节约型、环境友好型社会。从当前和今后我国的发展趋势看，加强能源资源节约和生态环境保护，是我国建设生态文明必须着力抓好的战略任务。我们一定要把建设资源节约型、环境友好型社会放在工业化、现代化发展战略的突出位置，落实到每个单位、每个家庭，下最大决心、用最大气力把这项战略任务切实抓好、抓出成效来。要加快形成可持续发展体制机制，在全社会牢固树立生态文明观念，大力发展循环经济，大力加强节能降耗和污染减排工作，经过一段时间的努力，基本形成节约能源资源和保护生态环境的产业结构、增长方式、消费模式。"①2009 年党的十七届四中全会中明确提出，生态文明建设与政治建设、经济建设、文化建设、社会建设构成了中国特色社会主义"五位一体"总体布局，再次表明了生态文明建设的重要地位。

（五）新时代我国生态文明建设取得的历史性成就

党的十八大以来，以习近平同志为核心的党中央传承中华民族传统文化、顺应时代潮流和人民意愿，站在坚持和发展中国特色社会主义、实现中华民族伟大复兴中国梦的战略高度，把生态文明建设摆在全局工作的突出位置，坚持把马克思主义基本原理同中国具体实际相结合、同中华优秀传统文化相结合，深刻回答了为什么建设生态文明、建设什么样的生态文明、怎样建设生态文明等重大理论和实践问题，形成了习近平生态文明思想，把中国共产党人对生态文明建设规律的认识提升到一个新高度。习近平生态文明思想是习近平新时代中国特色社会主义思想的重要组成部分，是推动新时代生态文明建设事业不断向前发展的科学指南，是经过实践检验、富有实践伟力的强

---

① 中共中央文献研究室：《十七大以来重要文献选编》（上），中央文献出版社 2009 年版，第 16 页。

大思想武器。这对于我们深刻认识生态文明建设的重大意义，正确处理好经济发展同生态环境保护的关系，推进美丽中国建设，实现中华民族永续发展，具有十分重要的意义。

新时代我国社会主要矛盾已经转化为人民日益增长的美好生活需要和不平衡不充分的发展之间的矛盾。人们已经从单纯地追求吃饱穿暖，开始了更高层次的追求，其中就饱含着对美好的生态环境的追求向往。习近平总书记指出："随着我国社会主要矛盾转化为人民日益增长的美好生活需要和不平衡不充分的发展之间的矛盾，人民群众对优美生态环境需要已经成为这一矛盾的重要方面，广大人民群众热切期盼加快提高生态环境质量。人民对美好生活的向往是我们党的目标，解决人民最关心最直接最现实的利益问题是执政党使命所在。"① 人们对环境问题的敏感性日益增强，人民群众对优美生态环境的需要已经成为这一矛盾的重要方面，广大人民群众热切期盼加快提高生态环境质量，人们正经历着从盼温饱到盼环保、从求生存到求生态的转变。

在实践中，以习近平同志为核心的党中央以前所未有的力度抓生态文明建设，把生态文明建设摆在党和国家工作全局的重要位置。"实现了由重点整治到系统治理、由被动应对到主动作为、由全球环境治理参与者到引领者、由实践探索到科学理论指导的重大转变，美丽中国建设迈出重大步伐。"② 在"五位一体"总体布局中，生态文明建设是其中一位；在新时代坚持和发展中国特色社会主义的基本方略中，坚持人与自然和谐共生是其中一条；在新发展理念中，绿色是其中一项；在三大攻坚战中，污染防治是其中一战；在到本世纪中叶建成社会主义现代化强国目标中，美丽中国是其中一个；在中国式现代化的中国特色、本质要求中，人与自然和谐共生是其中重要的一项。党的二十大报告指出："我们坚持绿水青山就是金山银山的理念，坚持山水林田湖草沙一体化保护和系统治理，全方位、全地域、全过程加强生态环境保护，生态文明制度体系更加健全，污染防治攻坚向纵深推进，绿色、循环、低碳

---

① 《习近平谈治国理政》第三卷，外文出版社 2020 年版，第 359 页。
② 《中共中央国务院关于全面推进美丽中国建设的意见》，《人民日报》2024 年 1 月 12 日，第 1 版。

发展迈出坚实步伐，生态环境保护发生历史性、转折性、全局性变化，我们的祖国天更蓝、山更绿、水更清。"①

但我们必须清醒地看到，我国生态文明建设挑战重重、压力巨大、矛盾突出，推进生态文明建设还有不少难关要过，还有不少硬骨头要啃，还有不少顽瘴痼疾要治，形势仍然十分严峻。党的二十大报告指出："人与自然是生命共同体，无止境地向自然索取甚至破坏自然必然会遭到大自然的报复。"②《中共中央国务院关于全面推进美丽中国建设的意见》也指出："当前，我国经济社会发展已进入加快绿色化、低碳化的高质量发展阶段，生态文明建设仍处于压力叠加、负重前行的关键期，生态环境保护结构性、根源性、趋势性压力尚未根本缓解，经济社会发展绿色转型内生动力不足，生态环境质量稳中向好的基础还不牢固，部分区域生态系统退化趋势尚未根本扭转。"③如果生态环境问题不解决，人民群众也无法喝上干净的水，呼吸上清洁的空气，吃上放心的食物，不仅经济发展的成果相当大部分要被资源和环境代价所抵偿，而且政治昌明和社会和谐也失去了发展的物质基础和持续后劲，必然引发严重的社会问题，对中国共产党的执政和中华民族的永续发展带来严峻的考验。

习近平指出："生态文明建设是关系中华民族永续发展的根本大计。"④这是习近平生态文明思想的核心观点，深刻阐明了生态文明状况与一个民族永续发展的关系，深刻揭示了生态文明建设在人类发展史中的重要价值。新时代，我们必须在习近平生态文明思想的指引下，深入贯彻新发展理念，加快构建新发展格局，全面加强生态文明建设，一体治理山水林田湖草沙，推动我国生态文明建设和生态环境保护取得历史性成就、发生历史性变革，还自然以宁静、和谐、美丽，实现中华民族永续发展。

---

① 习近平:《高举中国特色社会主义伟大旗帜 为全面建设社会主义现代化国家而团结奋斗——在中国共产党第二十次全国代表大会上的报告》，人民出版社 2022 年版，第 11 页。

② 习近平:《高举中国特色社会主义伟大旗帜 为全面建设社会主义现代化国家而团结奋斗——在中国共产党第二十次全国代表大会上的报告》，人民出版社 2022 年版，第 23 页。

③ 《中共中央国务院关于全面推进美丽中国建设的意见》，《人民日报》2024 年 1 月 12 日，第 1 版。

④ 习近平:《推动我国生态文明建设迈上新台阶》，《求是》2019 年第 3 期。

第 二 章

树立和践行绿水青山就是
金山银山的理念

建设生态文明是关系人民福祉、关乎民族未来的大计，是实现中华民族伟大复兴中国梦的重要内容。2013 年 9 月 7 日，习近平总书记在哈萨克斯坦纳扎尔巴耶夫大学发表演讲并回答学生们的提问，在谈到环境保护问题时指出，"我们既要绿水青山，也要金山银山。宁要绿水青山，不要金山银山，而且绿水青山就是金山银山"[①]。党的十九大报告指出，"必须树立和践行绿水青山就是金山银山的理念"[②]。党的二十大报告指出："必须牢固树立和践行绿水青山就是金山银山的理念，站在人与自然和谐共生的高度谋划发展。"[③]"绿水青山就是金山银山"是习近平生态文明思想的重要理念，是指引建设美丽中国的理论明灯。

一、绿水青山就是金山银山理念的重大价值

"绿水青山就是金山银山"这一科学论断，反映了我们党对经济发展和环境保护关系的深刻认知，彰显出对人类社会发展规律的正确把握，充分反映出当代中国共产党人在深刻认识中国特色社会主义建设规律的基础上，赋予治国理政的全新的价值理念。这极大地影响和改变了中国的发展理念、发展思路、发展方式和发展未来，引领中国迈向生态文明建设新时代。

---

① 中共中央文献研究室：《习近平关于社会主义生态文明建设论述摘编》，中央文献出版社 2017 年版，第 21 页。

② 习近平：《决胜全面建成小康社会　夺取新时代中国特色社会主义伟大胜利》，《人民日报》2017 年 10 月 28 日，第 1 版。

③ 习近平：《高举中国特色社会主义伟大旗帜　为全面建设社会主义现代化国家而团结奋斗——在中国共产党第二十次全国代表大会上的报告》，人民出版社 2022 年版，第 50 页。

（一）"绿水青山就是金山银山"理念是我们党对中国特色社会主义规律认识的深化

我们党对绿水青山与金山银山"两山关系"的认识是不断渐进和发展的。发展是硬道理，是人类永恒的主题。但不同发展阶段面临的问题是不同的，这就需要科学认识、把握和解决不同发展阶段中的问题。我们党对"两山"关系的认识不是一条简单、快速的直线，而是一条蜿蜒曲折、时间跨度巨大的曲线。习近平总书记指出，"在实践中对这'两座山'（绿水青山和金山银山）之间关系的认识经过了三个阶段：第一个阶段是用绿水青山去换金山银山，不考虑或者很少考虑环境的承载能力，一味索取资源。第二个阶段是既要金山银山，但是也要保住绿水青山，这时候经济发展和资源匮乏、环境恶化之间的矛盾开始凸显出来，人们意识到环境是我们生存发展的根本，要留得青山在，才能有柴烧。第三个阶段是认识到绿水青山可以源源不断地带来金山银山，绿水青山本身就是金山银山"①。这种认识，不仅是我国经济增长方式转变和发展观念不断进步的过程，是我国经济增长方式转变的过程，是发展观念不断进步的过程，也是人和自然关系不断调整、趋向和谐的过程。这一具有历史纵深的生态理念是我们党深入实际、深入群众、深入生活的全新生态价值追求。

"绿水青山就是金山银山"理念深刻阐明了生态环境保护与经济发展的辩证关系，为我国可持续发展提供了价值标准，也提出了内在要求。实现生态环境保护与经济发展的关系可以说就是绿水青山和金山银山的关系。处理好这一重要关系，是实现可持续发展的内在要求，也是推进我国社会主义现代化建设的重大原则。一方面，"绿水青山"是每个人都离不开，也没有任何产品可以替代的公共产品，用之不觉，失之难再；另一方面，"金山银山"是人们对更高水准、更舒适程度的物质文化生活的天然追求的经济发展需要，分别代表了我国改革开放以来社会主义现代化进程中目标追求的两个侧面。然而，实践表明，这两个目标性层面虽不是天生的矛盾，却也显然不是内在一

① 习近平：《之江新语》，浙江出版联合集团、浙江人民出版社 2007 年版，第 186 页。

致的。在内蒙古自治区的腾格里沙漠边，有一个叫作阿拉善左旗额里斯的小镇，那里的蓝天白云令人赏心悦目。然而遗憾的是，2014年，这种美景却被一股浓烈的刺鼻气味笼罩着。原来，改革开放以来，内蒙古和宁夏分别在腾格里沙漠腹地建起了内蒙古腾格里工业园和宁夏中卫工业园区，引入了大量的化工企业。这些企业将未经处理的污水源源不断地排入沙漠，同时也在开采着地下水用于生产。沙漠中数个足球场大小的长方形排污池，以及严重的地下水危机都缩影了由于在根本上没有正确处理好发展与保护的关系，导致改革开放以来，我国经济社会发展成效显著，但资源环境代价较大这一事实。"绿水青山就是金山银山"，可以说是对二者之间辩证关系建立在历史实践基础上的科学认知或概括。一方面，我们要坚持"双山目标"，而不能只强调"单山目标"（无论是"金山银山"还是"绿水青山"）。其中，关键是做好二者之间的基于生态可持续和社会公平原则的合理转换，而绝不能以其中之一为代价去实现另一方，尤其是"决不以牺牲环境为代价去换取一时的经济增长"[1]。另一方面，我们又要坚持一种发展的、与时俱进的眼光或视野，致力于实现二者之间一种更高层次上的平衡。具体地说，当前，改革开放40多年所取得的经济发展，要求我们采取一种更主动积极的生态环境问题应对思维与战略，即我们需要尽快从"用绿水青山换取金山银山"的低级阶段提升到正视"金山银山与绿水青山发生现实冲突"的新阶段，并着力向"借助绿水青山实现金山银山"的更高阶段过渡。[2] 由此，"绿水青山就是金山银山"理念既突破了把保护生态与发展生产力对立起来的僵化思维，将生态环境内化为生产力的内生变量与价值目标，揭示了生态环境与生产力之间的辩证统一关系；又蕴含着尊重自然、顺应自然、保护自然，谋求人与自然和谐发展的生态理念和价值诉求，为我国经济社会发展和生态文明建设提供了新理念、新思路。

　　"绿水青山就是金山银山"理念是我们党深刻反思人类文明发展道路，领

---

　　[1]　中共中央文献研究室：《习近平关于社会主义生态文明建设论述摘编》，中央文献出版社2017年版，第20页。

　　[2]　郇庆治：《社会主义生态文明观与"绿水青山就是金山银山"》，《学习论坛》2016年第5期，第43—44页。

导我国超越工业文明，迈向生态文明的价值追求。在工业文明时代，物质生产力的发展凭借科学技术的现代革命插上了翅膀。人们发现，只要利用先进的现代技术手段，就可以让大自然打开无尽的宝藏，就可以打破自然景观与财富梦想的界限。于是，在经济利益的诱惑和驱动下，人们不惜对大自然进行掠夺式的征服和占有。如此一来，自然界便不可避免地褪去诗意的形象，沦为表现人的占有欲和征服力的主战场。由于对生态环境的轻视，作为率先工业化的先驱者，发达国家在早期发展过程中，付出了十分沉重的生态环境代价，教训极为深刻。20 世纪，英国的"肮脏的泰晤士老爹"泰晤士河、"雾都"伦敦，美国的多诺拉烟雾事件、洛杉矶光化学烟雾事件，日本的水俣病、骨痛病等"四大公害"事件都是明显的例证。经历了环境污染的惨痛教训，发达国家采取了严格的环境保护与污染治理措施，修复后的生态环境获得了新生。著名的环境库兹涅茨曲线理论表达的正是这种思想，即在经济发展的进程中，环境先是遭受工业污染，在付出了沉重的生态代价之后才得到治理。然而，这种"先污染后治理"的环境治理成本是极大的。我国在经历了工业化与城市化快速推进的阶段后，整个经济与社会发展取得了巨大成就。但在实践中我们不难发现，包括经济快速增长在内的社会发展成就的取得，基本上还是沿袭了传统工业化发展的旧有模式，呈现了"粗放式增长"特征，使得资源、生态与环境问题，伴随着经济的快速增长而越来越突出地显现出来，进而演变为未来发展的瓶颈，如能源资源约束强化，石油等重要资源的对外依存度快速提升；水土流失、土地沙化、草原退化情况严重；一些地区由于盲目开发、过度开发、无序开发，已经接近或超过资源环境承载能力的极限；毁田建房、毁林造厂、填海造地等更是导致耕地面积逼近 18 亿亩红线；全国一些地区遭遇持续雾霾天气，大气污染、水污染、土壤污染等各类环境污染呈高发态势等。老的环境问题尚未解决，新的环境问题接踵而至。这种状况不改变，能源资源将难以支撑、生态环境将不堪重负，反过来必然对经济可持续发展带来严重影响，我国发展的空间和后劲将越来越小。习近平总书记强调指出，"我们建设现代化国家，走美欧老路是走不通的，再有几个地球也不够中国人消耗。中国现代化是绝无仅有、史无前例、空前伟大的。现在全世界发达国家人口总额不到十三亿，十三亿人口的中国实现了现代化，就会把这个人口数量提升一倍以上。走老路，去消耗资源，去污染环境，难以为继"①。可以说，"绿水青山就是金山银山"理念是我们党汲取发达国家经验教训，发挥后发国家优势，坚决不走发达国家"先污染后治理"的老路，探索协调经济发展和环境保护新路的重要理念。

（二）"绿水青山就是金山银山"理念是我们党坚持以人民为中心执政理念的生动诠释

"绿水青山就是金山银山"理念完整体现了马克思主义群众史观的内在要求。马克思主义认为，历史是由人民群众创造的。中国共产党始终以全心全意为人民服务为根本宗旨，以最广大人民的根本利益为工作的最高标准。当前，多年快速发展积累的环境问题已十分突出，各类生态环境污染呈高发态势，特别是大气、水、土壤污染严重，已成为人民群众反映强烈的突出问题。老百姓过去"盼温饱"，现在"盼环保"；过去"求生存"，现在"求生态"。民之所好好之，民之所恶恶之。对此，习近平总书记语重心长地指出，"老百姓长期呼吸污浊的空气，吃带有污染物的农产品、喝不干净的水，怎么会有健康的体魄"②？党的十八大以来，以习近平同志为核心的党中央始终坚持人民主体地位，把人民对美好生活的向往作为自己的奋斗目标，旗帜鲜明地把生态文明建设纳入中国特色社会主义事业总体布局之中，把推进生态文明建设、建设美丽中国、实现中华民族永续发展作为党的神圣使命，作为党对人民的庄严承诺。

"绿水青山就是金山银山"理念集中体现了我们党始终坚持以人民为中心的发展理念。当前，随着社会发展和人民生活水平不断提高，人民群众对蓝天白云、碧水青山、安全食品和优美生态环境的追求更加迫切。生态环境在群众生活幸福指数中的地位不断凸显。习近平总书记强调指出，"人民群众关

①　中共中央文献研究室：《习近平关于社会主义生态文明建设论述摘编》，中央文献出版社 2017 年版，第 3 页。

②　中共中央文献研究室：《习近平关于社会主义生态文明建设论述摘编》，中央文献出版社 2017 年版，第 90 页。

心的问题是什么？是食品安不安全、暖气热不热、雾霾能不能少一点、河湖能不能清一点、垃圾焚烧能不能不有损健康、养老服务顺不顺心、能不能租得起或买得起住房，等等。相对于增长速度高一点还是低一点，这些问题更受人民群众关注"[1]。"绿水青山就是金山银山"理念深刻精辟地指出"良好的生态环境是最公平的公共产品，是最普惠的民生福祉"[2]，把改善人民群众的生存环境作为民生工作的着力点和努力方向，力求最大限度地提供惠及全体公民的生态福利，明确界定政府是提供环境公共产品的责任主体，确保可持续的环境公平与正义。近年来，各地都把人民群众对生态环境质量的满意度，作为衡量党和政府工作成效的评价标准。在安徽，江淮分水岭等地区通过集约发展，打造水上发电、水下特色养殖的立体化"渔光互补模式"，使水域空间得到全方位立体利用，实现渔业养殖与绿色发电的生态产业融合，在生产清洁能源的同时，带动村民增收。在江苏盐城，通过搬迁农村居民点、腾退低效企业、补种林带、建设高标准农田等方式，市区环城高速圈生态廊道展露芳容，有效构建了市区生态保护屏障，保障了新增生态空间为"绿"所用、为"民"所用，让更多市民享受"生态福利"。通过坚持生态惠民、生态利民、生态为民，重点解决损害群众健康的突出环境问题，加快改善生态环境质量，提供更多优质产品，不断满足人民日益增长的优美生态环境需要。

"绿水青山就是金山银山"理念极大彰显了我国生态文明建设的社会主义性质和方向。在马克思主义看来，由于对资本及其所有者权利的体制性偏袒或倚重，资本主义社会中人与自然、社会与自然的关系，不可避免地呈现为异化的、剥夺性的和冲突性的。因而，代表着人类未来的社会主义社会，将只能是对资本主义制度本身的历史性替代，并（重新）走向人、自然与社会之间的和谐统一（"两个和解"），尽管这种替代绝不是无条件的或可以立即发生的。社会主义国家的生态文明建设的方向和性质，只能是社会主义的。

---

[1] 中共中央文献研究室：《习近平关于社会主义生态文明建设论述摘编》，中央文献出版社 2017 年版，第 91—92 页。

[2] 中共中央文献研究室：《习近平关于社会主义生态文明建设论述摘编》，中央文献出版社 2017 年版，第 4 页。

社会主义性质或取向的现代文明只能是绿色的、合乎生态的文明。尽管资本主义政党与政治也声称他们的人与自然关系是"绿色的""生态资本主义的"，但就现实中对生态环境问题的认知与应对、生态文明建设的理念与战略而言，其与社会主义国家依然有着十分不同的思维和路径。2018 年 5 月 19 日，在全国生态环境保护大会上，习近平总书记进一步指出"生态环境是关系党的使命宗旨的重大政治问题，也是关系民生的重大社会问题"①，表明我们在生态文明建设问题上有着明确的社会主义方向意识，并作出了正确的社会主义方向选择。"绿水青山"在一定程度上已经超越了狭隘的经济和物质功用的"金山银山"的价值，当二者发生冲突时，我们党的决策选择必定蕴含着"宁要绿水青山，不要金山银山"的哲学伦理自觉与态度。正是在这种理念的指引下，我国越来越多的生态修复治理案例成功入选联合国"基于自然解决方案的生态保护修复"案例。在河南，小秦岭矿区经过五年努力，"春风又绿黄河岸"变成美好现实，美丽的小秦岭回来了，成功实现了从靠山吃山到养山护山，从"石头上长出草"到"石头上长出树"的衍变。基于这种对自然生态系统完整性与多样性的尊重，党的二十大报告明确强调："大自然是人类赖以生存发展的基本条件。尊重自然、顺应自然、保护自然，是全面建设社会主义现代化国家的内在要求。"② 因此，在现实中做到"既要绿水青山又要金山银山"，不再为"金山银山"而牺牲"绿水青山"，真正使"绿水青山"成为"金山银山"，不只是一个辩证认识水平和价值伦理态度问题，还是一个盘根错节的经济政治问题。

（三）"绿水青山就是金山银山"理念为建设生态文明、建设美丽中国提供了根本遵循

"绿水青山就是金山银山"理念基于长期实践和经验教训而提出，在伟大

---

① 人民日报评论员：《新时代推进生态文明建设的重要遵循——二论学习贯彻习近平总书记全国生态环境保护大会重要讲话》，《人民日报》2018 年 5 月 21 日，第 1 版。

② 习近平：《高举中国特色社会主义伟大旗帜　为全面建设社会主义现代化国家而团结奋斗——在中国共产党第二十次全国代表大会上的报告》，人民出版社 2022 年版，第 49—50 页。

实践中形成和发展，得到实践验证和社会认同，有着深厚的实践基础和深刻的现实意义。这一理念承载了引领美丽中国建设的重大历史使命，有力地推进了物质文明和生态文明的共同发展与有机融合，必将对社会发展和变革产生广泛而深远的影响。

"绿水青山就是金山银山"理念为生态文明建设提供理论基础和实践指引。马克思认为："人靠自然界生活。这就是说，自然界是人为了不致死亡而必须与之处于持续不断的交互作用过程的、人的身体。"[①] 马克思的自然观具有双重意义，即人是自然界的一部分，自然界是人类赖以生存与发展的基础。我们党从"人与自然是生命共同体"立场出发，提出绿水青山就是金山银山的理念，是对马克思主义自然观的进一步深化。一方面，绿水青山既是自然财富、生态财富，又是经济财富、社会财富。绿水青山作为生态资源、生态环境，本身就具有经济价值或能够直接转化为经济效益，人类可以通过社会实践活动有目的地利用自然、改造自然。习近平总书记在江西考察工作时就指出："绿色生态是最大的财富、最大优势、最大品牌，一定要保护好，做好治山理水、显山露水的文章，走出一条经济发展和生态文明水平提高相辅相成、相得益彰的路子。"[②] 如今，江西各地以"生态＋产业"激活全链条价值，以"生态＋金融"推进全方位创新，以"生态＋机制"构建全覆盖体系，使绿水青山直接转变成了金山银山。另一方面，人类归根结底是自然的一部分，在开发自然、利用自然的过程中必须尊重自然、顺应自然、保护自然，而不能凌驾于自然之上，否则就会受到大自然的惩罚和报复。在烟台，八角河以前就是个臭水沟，烟台开发区聚焦八角河生态保护和环境治理聘请国际顶尖设计公司，累计投入3.5亿元对河道水系、苗木植被、活动空间等进行系统性建设。现如今，漫步初秋的八角河公园，彩色沥青路伸向远方，岸边草坪铺青叠翠，河面如镜波光粼粼，睡莲、凤眼莲、金鱼藻或浮在水面或浸入水底，宛若油画般静美。八角河公园已然打造成为集魅力港湾、城市休闲、生

---

① 马克思：《1844年经济学哲学手稿》，人民出版社2000年版，第56页。
② 中共中央文献研究室：《习近平关于社会主义生态文明建设论述摘编》，中央文献出版社2017年版，第33页。

态郊野"三位一体"的综合性滨海城市会客厅，不仅岸线的风景变美了，周边地块价值也是连连看涨。这正如习近平总书记所指出的，"让绿水青山充分发挥经济社会效益，不是要把它破坏了，而是要把它保护得更好"①。由此，"绿水青山就是金山银山"理念内含人与自然的辩证统一关系，反映了人与自然之间物质变换的客观规律，既突破了把保护生态与发展生产力对立起来的僵化思维，将生态环境内化为生产力的内生变量与价值目标，揭示了生态环境与生产力之间的辩证统一关系；又蕴含着尊重自然、顺应自然、保护自然，谋求人与自然和谐发展的生态理念和价值诉求，充分体现了以习近平同志为核心的党中央从建设新时代中国特色社会主义的高度，对人与自然、社会与自然适当关系做出的正确政治选择，为我国经济社会发展和生态文明建设提供了新理念、新思路。

"绿水青山就是金山银山"理念为现代化建设提供生态路径。全面建成社会主义现代化强国，美丽中国是重要标志，人与自然和谐共生是基本特征，提供丰富优质生态产品是重要任务。美在绿水青山，富在金山银山。"绿水青山就是金山银山"理念系统阐释了生态系统的内在结构和演变原理，要求人们必须按生态规律和经济规律办事，全面树立尊重自然、顺应自然、保护自然的生态伦理，从方法论角度确立起了生态文明建设的基本法则。在经济社会发展方面，要求按照人口资源环境相均衡、经济社会生态效益相统一的原则，统筹人口分布、经济布局、国土利用、生态环境保护，科学布局生产空间、生活空间、生态空间，给自然留下更多修复空间，给农业留下更多良田，给子孙后代留下天蓝、地绿、水净的美好家园，系统构建科学合理的城镇化发展格局、农业发展格局、生态安全格局。在生态环境建设方面，特别强调"山水林田湖草沙是一个生命共同体"，必须按照生态系统的整体性、系统性及其内在规律，统筹考虑自然生态的各要素、山上山下、地上地下、陆地海洋及流域上下游，进行整体保护、系统修复、综合治理，不断增强生

---

①　中共中央文献研究室：《习近平关于社会主义生态文明建设论述摘编》，中央文献出版社 2017 年版，第 23 页。

态系统循环能力，维护生态平衡。在人与自然和谐方面，以正确处理人与自然关系为核心，改善环境质量，提高资源利用效率，坚持节约优先、保护优先、自然恢复为主的基本方针，加快形成节约资源和保护环境的空间格局、产业结构、生产方式和生活方式，推动形成人与自然和谐发展的现代化建设新格局。践行"绿水青山就是金山银山"理念，既为现代化建设找准了着力点，也为实现现代化找到了生态路径，特别是在实践中，我们必须坚持系统思维，将生态文明建设融入经济建设、政治建设、文化建设、社会建设各方面和全过程。

践行"绿水青山就是金山银山"理念，就要做强生态弱项、补齐生态短板、增进生态福祉，使生态文明建设的内涵更丰富、外延更拓展，生态惠民的动能更强劲、成效更彰显。通过实施生态攻坚，尽快扭转生态脆弱状况，优化生存环境，增添人们的安全感和舒适感；通过搭建实践平台，让更多的人参与生态文明建设与创业，创建美丽家园，创造美好生活，增添人们的自豪感和成就感；通过推进绿色惠民，发展生态产品、绿色产品和生态文化，扩大人民生态福利，增添人们的获得感和幸福感。

二、绿水青山就是金山银山理念的重要内涵

"我们既要绿水青山，也要金山银山。宁要绿水青山，不要金山银山，而且绿水青山就是金山银山"①，习近平总书记的这一重要论断深刻阐明了经济发展和生态环境保护之间的辩证关系，彰显了尊重自然、谋求人与自然和谐发展的价值理念，成为生态文明建设的重要遵循。

（一）绿水青山是人民幸福生活的重要内容

自然是人类安身立命之所，人类的福祉根植于自然界。如果人置身其中、

---

① 中共中央文献研究室：《习近平关于社会主义生态文明建设论述摘编》，中央文献出版社 2017 年版，第 21 页。

生活其中的生态环境令人愉悦，就能给人美的享受，就能提升人的幸福感。反之，生态环境的恶化会使得人们生活的幸福感大大降低，就会成为人们过上幸福生活的重大障碍之一。著名黄梅戏曲目《天仙配》里面有句广为流传的唱词特别美："树上的鸟儿成双对，绿水青山带笑颜"，映衬了七仙女和董永这对恩爱夫妻回家时的欢快心情。这种美是自然的，更是人文的。"绿水青山带笑颜"，试想，要是换上了荒山秃岭、黑臭河道作为环境背景，他俩的幸福体验、观众的审美愉悦肯定要大打折扣。因此，习近平总书记多次强调，"环境就是民生，青山就是美丽，蓝天也是幸福"①。

绿水青山是民生之基、民心所向，是最普惠的民生福祉。习近平总书记指出："对人的生存来说，金山银山固然重要，但绿水青山是人民幸福生活的重要内容，是金钱不能替代的。"②我们很难想象，一个环境恶劣、资源贫乏、纷争频起，社会秩序混乱的地方，人们还能过上美好生活；相反，如果老百姓呼吸上新鲜的空气、喝上干净的水，生活在优美安静的自然环境当中，就能够自由快乐惬意地生活。当前，我国资源约束趋紧，环境污染严重，生态系统退化等问题仍然十分严峻，人民群众对干净的水、清新的空气、安全的食品、优美的环境的需求呼声越来越高，生态环境在群众生活幸福指数中的地位不断凸显，环境问题日益成为重要的民生问题。截至 2013 年，我国 7 大类产品、200 多种工业产品产量已位居世界第一，传统意义上的物质文化需求同落后的社会生产之间的矛盾已得到有效解决。党的十九大对当前我国社会主要矛盾也与时俱进作出新的表述："中国特色社会主义进入新时代，我国社会主要矛盾已经转化为人民日益增长的美好生活需要和不平衡不充分的发展之间的矛盾。"③在生态建设方面，则表现为：如果不能有效保护生态环境，不仅无法实

① 中共中央文献研究室：《习近平关于社会主义生态文明建设论述摘编》，中央文献出版社 2017 年版，第 8—9 页。

② 中共中央文献研究室：《习近平关于社会主义生态文明建设论述摘编》，中央文献出版社 2017 年版，第 4 页。

③ 习近平：《决胜全面建成小康社会　夺取新时代中国特色社会主义伟大胜利》，《人民日报》2017 年 10 月 28 日，第 1 版。

现经济社会可持续发展，人民群众也无法喝上干净的水，呼吸上清洁的空气，吃上放心的食物，由此必然引发严重的社会问题。因此，随着居民收入水平提升与中等收入人群数量扩张，日益增长的环境公共服务需求与滞后的供给之间的矛盾就越发凸显。2018年5月19日，习近平总书记在全国生态环境保护大会上指出："广大人民群众热切期盼加快提高生态环境质量。我们要积极回应人民群众所想、所盼、所急，大力推进生态文明建设，提供更多优质生态产品，不断满足人民群众日益增长的优美生态环境需要。"[1]树立和践行"绿水青山就是金山银山"理念，就是要努力形成绿色发展方式和生活方式，促进生产发展、生活富裕、生态良好的文明发展。党的二十大报告明确指出："倡导绿色消费，推动形成绿色低碳的生产方式和生活方式。"[2]通过建设美丽中国，提供更多优质生态产品，让人民群众切实感受到由经济发展所带来的实实在在的环境效益，拥有更多实实在在的获得感、幸福感和安全感。

良好的生态是祖先留给我们的宝贵财富，不能毁于我们这一代人，我们要为子孙后代留一片绿水青山、蓝天白云，这既是贯彻落实新发展理念的必然要求，也是广大人民群众的热切期盼。经过改革开放40多年的快速发展，我国积累下来的生态环境问题，"归根到底是资源过度开发、粗放利用、奢侈消费造成的。资源开发利用既要支撑当代人过上幸福生活，也要为子孙后代留下生存根基"[3]。习近平总书记从政治的高度分析和认识我国的发展战略，直指生态文明建设的要害，他指出，"如果仍是粗放发展，即使实现了国内生产总值翻一番的目标，那污染又会是一种什么情况？届时资源环境恐怕完全承载不了。想一想，在现有基础上不转变经济发展方式实现经济总量增加一倍，产能继续过剩，那将是一种什么样的生态环境？

---

① 《习近平在全国生态环境保护大会上强调坚决打好污染防治攻坚战 推动生态文明建设迈上新台阶》，《人民日报》2018年5月20日，第1版。

② 习近平：《高举中国特色社会主义伟大旗帜 为全面建设社会主义现代化国家而团结奋斗——在中国共产党第二十次全国代表大会上的报告》，人民出版社2022年版，第50页。

③ 中共中央文献研究室：《习近平关于社会主义生态文明建设论述摘编》，中央文献出版社2017年版，第77—78页。

经济上去了，老百姓的幸福感大打折扣，甚至强烈的不满情绪上来了，那是什么形势？所以，我们不能把加强生态文明建设、加强生态环境保护、提倡绿色低碳生活方式等仅仅作为经济问题。这里面有很大的政治"①。在2018年5月19日召开的全国生态环境保护大会上，习近平总书记进一步指出，"生态环境是关系党的使命宗旨的重大政治问题，也是关系民生的重大社会问题"②。

"宁要绿水青山不要金山银山"③的科学论断明确告诉我们，当绿水青山与金山银山出现局部矛盾冲突时究竟应当怎样取舍，那就是：一定要痛下决心，宁要绿水青山，不要金山银山，决不能迟疑，决不能有半点犹豫，决不能心慈手软。2022年，中央生态环境保护督察组对全国违规上马的"两高"项目（即"高耗能、高排放"项目）问题予以了通报。如果"两高"项目盲目发展，将导致资源能源过度消耗，带来环境污染和碳排放问题，对生态环境质量持续改善和减污降碳造成巨大压力。如果盲目上马"两高"项目得不到有效遏制，不仅会冲高我国碳排放水平、增加污染治理和生态保护修复压力，还存在显著的高碳锁定问题，有可能形成"搁置资产"和投融资风险，加剧经济发展与生态环境保护间的矛盾，严重影响美丽中国建设和碳达峰碳中和目标愿景的实现。由此，我们决不能再以牺牲环境为代价去换取一时一地的经济增长，经济发展最终是为了人民的福祉，如果付出了高昂的生态环境代价，让水污染了、空气混浊了、土壤破坏了，把最基本的生存需要都给破坏了，最后还要用获得的财富来修复和获取最基本的生存环境，这是得不偿失的逻辑怪圈。

生态环境好不好，人民群众感受最直接，也最有发言权。党的根基在人民、血脉在人民、力量在人民。我们党要巩固长期执政地位，就必须夯实人心这个最深厚的执政基础。在任何时候任何情况下，与人民同呼吸共命运的立场

---

① 中共中央文献研究室：《习近平关于社会主义生态文明建设论述摘编》，中央文献出版社2017年版，第5页。

② 习近平：《推动我国生态文明建设迈上新台阶》，《求是》2019年第3期。

③ 《习近平在哈萨克斯坦纳扎尔巴耶夫大学发表重要演讲》，《人民日报》2013年9月8日，第1版。

不能变，全心全意为人民服务的宗旨不能忘。当前，拥有天蓝、水清、山绿、地净的美好家园，是每个中国人的梦想，是中华民族伟大复兴中国梦的重要组成部分。就如习近平总书记指出的，"人民群众不是对国内生产总值增长速度不满，而是对生态环境不好有更多不满。我们一定要取舍，到底要什么？从老百姓满意不满意、答应不答应出发，生态环境非常重要；从改善民生的着力点看，也是这点最重要"①。因此，生态环境好不好、问题整改到不到位，群众的感受才是标准，金杯银杯不如老百姓的口碑。2016 年底，中共中央办公厅、国务院办公厅对外发布了《生态文明建设目标评价考核办法》，明确突出公众获得感，对各省区市实行年度评价、五年考核机制，以考核结果作为党政领导综合考核评价、干部奖惩任免的重要依据。这就意味着，树立和践行"绿水青山就是金山银山"理念，就是要以群众满意为标准，要维护群众、依靠群众、发动群众，从严从实抓好环保问题整改，以实实在在的工作成效赢得群众的认可。

（二）绿水青山和金山银山决不是对立的

"宁要绿水青山，不要金山银山"②，并不意味着二者之间的关系是矛盾的、对立的。正确处理好经济发展和生态环境保护的关系，也就是要正确处理好绿水青山和金山银山的关系。绿水青山和金山银山绝不是对立的，处理好两者关系，关键在人，关键在思路。让绿水青山充分发挥经济社会效益，切实做到经济效益、社会效益、生态效益同步提升，实现百姓富与生态美的有机统一。

绿水青山与金山银山既会产生矛盾，又可辩证统一。③ 一方面，"绿水青山可带来金山银山，但金山银山却买不到绿水青山"④。改革开放前 30 年，由

---

① 中共中央文献研究室：《习近平关于社会主义生态文明建设论述摘编》，中央文献出版社 2017 年版，第 83 页。

② 《习近平在哈萨克斯坦纳扎尔巴耶夫大学发表重要演讲》，《人民日报》2013 年 9 月 8 日，第 1 版。

③ 习近平：《之江新语》，浙江出版联合集团、浙江人民出版社 2007 年版，第 153 页。

④ 习近平：《之江新语》，浙江出版联合集团、浙江人民出版社 2007 年版，第 153 页。

于我们过于注重以 GDP 为特征的经济发展速度和经济总量，对环境问题的关注相对较少，导致有了金山银山，绿水青山却不再现的现象。那些年，空气污染蔓延，我们很难看到蓝天、白云、清澈的小溪，就连丽江、凤凰等著名景点也难逃一劫。因此，在鱼和熊掌不可兼得的情况下，我们必须懂得机会成本，善于选择，学会扬弃。另一方面，绿水青山与金山银山在根本上并不矛盾。只要能在选择之中，找准方向，创造条件，就能让绿水青山源源不断地带来金山银山。由此可见，现实中，那些曾信奉"先生产后治理"，有的甚至不顾整体利益和可持续发展，索性搞"竭泽而渔""吃祖宗的饭，断子孙的路"，如今又有一些人认为发展经济势必会破坏生态，而对发展经济瞻前顾后，都是将"金山银山"与"绿水青山"对立起来，对实现经济发展与生态建设的统一心存疑惑的表现。当前，"绿水青山就是金山银山"理念为确保党和国家生态文明建设事业发展提供了强大思想武器、根本遵循和行动指南。

理解"绿水青山就是金山银山"更深层的内涵和境界，关键在"就是"二字。实践证明，脱离环境保护搞经济发展是"竭泽而渔"，离开经济发展抓环境保护是"缘木求鱼"，经济发展和环境保护相辅相成、唇齿相依。一方面，加强生态环境保护可为经济社会发展提供良好的基础。各种实践案例都表明，经济社会发展如果一开始就重视生态环境的发展，将在结构、效率、效益等方面得到大大的改善和提升。例如，在产业模式上可实现高循环，在资源利用上可实现高产出，在污染治理上可实现高效率，在生态产品上可实现高供给，在人民生活改善上可实现高福祉，并且将为经济的持续繁荣打下良好的基础。相反，经济社会发展如果不重视环保，只讲金山银山而不顾绿水青山，甚至牺牲绿水青山换取金山银山，短期看似经济指标非常好，实际上牺牲了人民健康的利益，最终在发展质量上是欠了账，无异于饮鸩止渴、竭泽而渔。因此，保护环境就是保护财富，只有坚持绿水青山，才能带来更多的金山银山。"金山银山却买不到绿水青山"[①]"宁要绿水青山，不要金山银山"[②]，都清楚

---

①　习近平：《绿水青山也是金山银山》，《浙江日报》2005 年 8 月 24 日，第 1 版。

②　《习近平在哈萨克斯坦纳扎尔巴耶夫大学发表重要演讲》，《人民日报》2013 年 9 月 8 日，第 1 版。

地表达了生态环境优先的态度，在"绿水青山"和"金山银山"发生矛盾时，必须将"绿水青山"放在首位，不能走以"绿水青山"换"金山银山"的老路。这些阐述为经济发展划定了生态保护的红线，亮出了中国绿色发展的决心。另一方面，加快发展又可以为生态环境保护提供坚强的物质、技术保障。如果只讲绿水青山而不顾金山银山，老百姓长期处于贫穷状态，难免继续在"越穷越垦、越垦越穷"恶性循环中徘徊，最终也保不住绿水青山。因此，要追求人与自然和谐相处，就是要实现经济发展和生态建设的双赢和协同共进。"既要绿水青山，也要金山银山"[①]的科学论断，深刻体现了经济发展与生态建设的统一论。

绿水青山和金山银山决不是对立的，关键在人，关键在思路。坚持"绿水青山就是金山银山"理念，不是不要发展经济了；相反，只要指导思想对了，只要把两者关系把握好、处理好了，绿水青山就可以源源不断地带来金山银山，绿水青山本身就是金山银山。树立和践行"绿水青山就是金山银山"理念，就必须贯彻落实好环保优先政策，走科技先导型、资源节约型、环境友好型的发展之路，努力把生态环境优势转化为生态农业、生态工业、生态旅游等生态经济优势，实现由"环境换取增长"向"环境优化增长"的转变，实现经济发展与环境保护由"两难"向两者协调共进的"双赢"转变，真正做到经济建设与生态建设同步推进，产业竞争力与环境竞争力一起提升，物质文明与生态文明共同发展，只有这样，才能既培育好"金山银山"，又保护好"绿水青山"。在广西天峨县果然美食品有限公司的生产车间里，全自动化生产线有序运转，一罐罐龙滩珍珠李、百香果等果汁饮料经过机器灌装、喷码后，在流水线上有序传输，工人们忙着将一箱箱加工好的果汁装上货车，一派忙碌的生产景象。这个县按照"绿水青山就是金山银山"的发展理念，已经走出了一条生态优先、绿色发展新路子。他们围绕油茶、核桃、"三特"水果、食用菌、中药材等优势特色产业，以实施现代特色农业示范区扩点增面提质升级行动为契机，积极开展山地特色农业示范区创建工作，促进生态农业进

---

① 《习近平在哈萨克斯坦纳扎尔巴耶夫大学发表重要演讲》，《人民日报》2013年9月8日，第1版。

发新活力；以绿色、循环、低碳发展为统领，对高耗能、高污染的企业进行淘汰或优化升级，鼓励和支持企业采用节能环保新技术、新工艺和新设备，大力发展循环经济，提高资源综合利用率，生态工业也迈出了新步伐。与此同时，以创建广西全域旅游示范区为抓手，深入挖掘境内峡谷湖泊、原始森林、民族文化等旅游资源，大力开发乡村休闲旅游产业，已经高标准打造一批生态旅游景区和景点，生态旅游开启了新篇章。这些实践表明，现代经济社会的发展，对生态环境的依赖度越来越高。生态环境越好，对生产要素的吸引力、集聚力就越强。在一些地方，清新的空气、宜人的气候、明媚的阳光卖出了好价钱，绿水青山带来了金山银山，生态优势转化为经济优势的趋势明显，前景广阔。"绿水青山就是金山银山"理念，从根本上打破了经济发展与生态环境保护对立的传统思维，更新了关于自然资源无价的传统认识，蕴含了生态优势与经济优势相互转化的方法论，具有深刻的理论内涵和实践逻辑，为我国生态文明建设指明了方向。

（三）保护生态环境就是保护生产力、改善生态环境就是发展生产力

生产力是人类改造自然的能力，由劳动资料、劳动对象、劳动者三个基本要素构成。自然界中的生态环境是劳动对象和劳动资料的基础和材料，因此是生产力直接的"构成要件"。习近平总书记指出，"要正确处理好经济发展同生态环境保护的关系，牢固树立保护生态环境就是保护生产力、改善生态环境就是发展生产力的理念"[①]，这一论述揭示了一个朴素又深刻的道理——生态环境也是生产力，为我们更加自觉地推动绿色发展、循环发展、低碳发展，构建与生态文明相适应的发展方式指明了方向。

保护生态环境就是保护生产力。随着我国经济持续快速发展，粗放的经济增长方式给生态环境带来了巨大压力，生态环境问题日益突出，那么保护生态环境与发展经济是不是"鱼与熊掌"不可兼得？习近平总书记指出："正

---

① 中共中央文献研究室：《习近平关于社会主义生态文明建设论述摘编》，中央文献出版社 2017 年版，第 20 页。

确处理好生态环境保护和发展的关系，也就是我说的绿水青山和金山银山的关系，是实现可持续发展的内在要求，也是我们推进现代化建设的重大原则。"[1] 一方面，不能拿绿水青山换金山银山，不考虑或者很少考虑环境的承载能力，一味索取资源；另一方面，坚持"绿水青山就是金山银山"，必须认识到只有"留得青山在"，才能"不怕没柴烧"。山清水秀但贫穷落后不是我们的目标，生活富裕但环境退化也不是我们的目标。只有蓝天白云、青山绿水，才是长远发展的最大本钱。保住了绿水青山，也就从根本上保住了"金山银山"。用马克思的话说，即保住了人类生产生活的"自然富源"，保住了社会生产力中不可或缺的"自然生产力"。

改善生态环境就是发展生产力。保护生态环境与发展经济并非不可兼顾，做得好还能实现双赢。发展生产力，必须以自然生态环境为基础。显然，无节制消耗资源、污染环境将导致能源资源难以支撑、生态环境不堪重负，这就是破坏生产力；反之，合理利用资源、不污染、不破坏环境将节约发展成本，实现可持续发展。在"GDP至上"的指挥棒下，不少地方都拿绿水青山去换金山银山，不考虑或者很少考虑环境的承载能力。尽管这种"以市场换资本"的方式让外企纷至沓来，驱动了我国工业化的快速发展，但也让国人遭受耕地锐减、空气污染、资源枯竭之痛。长此以往，我们国家的生产力在全球化市场中会逐渐失去核心竞争力。从2014年下半年开始，原先将业务总部设立于中国上海的通用汽车、IBM以及世界上最大的油籽、玉米和小麦加工企业之一的阿彻丹尼尔斯米德兰等知名跨国公司，开始向新加坡等东南亚国家转移就是个例证。这说明，生态环境是关系到社会和经济持续发展的复合生态系统，环境污染正在甚至已经直接影响到我国的经济，对生产力发展造成了损害。对此，习近平总书记指出："为什么说绿水青山就是金山银山？'鱼逐水草而居，鸟择良木而栖。'如果其他各方面条件都具备，谁不愿意到绿水青山的地方来投资、来发展、来工作、来生活、来旅游？从这一意义上说，绿水青山既是自然财富，又是社会财富、经济财富。"① 新时代，通过保护生态环境、改善生态环境，充分发挥生态环境优势延伸发展链条，进而推动生产力向前发展已经成为促进我国经济社会发展的重要途径。

在改善生态环境、实现由传统粗放增长方式向新兴绿色发展方式转变的过程中，部分领域和部分行业会经历转型的阵痛。但从全局和长远看，生态环境保护不仅不会给经济发展造成阻碍，反而会助力经济发展；而绿色生态效益则更体现为持续稳定、不断增值，总量丰厚、贡献巨大，是最大财富、最大优势、最大品牌。因此，我们必须重视培育和发展自然资源，加强自然资源和生态环境的保护和利用，增加生态价值和自然资本。2017 年 10 月，国家环境保护部在京津冀及周边区域"2+26"城市大气污染防治强化督查中，通报了一些地市的做法及相关调查数据。事实及数据表明，在环境压力的倒逼之下，一些地方企业成功转型，经济指标非但没有出现大幅下滑，反而呈上升趋势。在江苏徐州，贾汪区素有"百年煤城"之称，然而因煤而兴、因矿设区也因煤而困。"雨天一身泥、晴天一身灰"，荒草丛生，坑塘遍野，"黑、脏、乱"，这是位于贾汪区西南部的潘安湖原住民之前的记忆。那里原为百年煤城贾汪区的权台煤矿和旗山煤矿采煤塌陷地，塌陷面积 12.6 平方公里，是徐州市最大的采煤塌陷区域，生态环境破坏极为严重，是贾汪人过去不愿触碰的"城市伤疤"、"发展难题"和"民生痛点"。痛定思痛，作为资源枯竭型地区，贾汪积极谋求转型发展，按照"宜耕则耕、宜渔则渔、宜建则建、宜生态则生态"理念，实施采煤塌陷地生态修复和综合利用为主的综合治理，让采煤塌陷地变身生态大公园。人不负青山，青山定不负人。如今，被誉为全国采煤沉陷区治理典范的潘安湖湿地公园每年吸引国内外游客 400 万人次，已成为市民休闲度假的首选处，曾经的"历史包袱"正慢慢变成"发展财富"，而贾汪也已经实现了从"卖资源"到"卖风景""卖生态"的转变，绿色正成为贾汪高质量转型发展的底色。实践证明，环境保护与经济发展之间不仅不

---

① 中共中央文献研究室：《习近平关于社会主义生态文明建设论述摘编》，中央文献出版社 2017 年版，第 23 页。

矛盾对立，而且相互促进、相辅相成。当前形势下，必须树立正确发展思路，改变资源利用方式、能源结构，推动形成绿色低碳循环发展新方式，切实做到经济效益、社会效益、生态效益同步提升。

因此，强调树立"绿水青山就是金山银山"的发展理念，不是要人们停止实践，中断由自在自然"绿水青山"向人化自然"金山银山"的转化，而是强调要在深刻认识保护生态环境与发展经济之间的互促共进关系，在尊重生态环境规律的基础上，保护好"绿水青山"，并通过发展生态产业、绿色产业，实现经济价值，将"绿水青山"变成"金山银山"。在"金山银山"和"绿水青山"相互转化过程中，要做到有所为、有所不为；要找准方向和创造条件，让绿水青山源源不断地带来金山银山。目前，我国的环境承载能力已达到或接近上限，单纯保护生态环境已经不能满足经济发展对生态环境的需求，只有大力改善、治理生态环境，才能激发生态环境的生产力要素功能，从而实现生产力的发展。这也是经济发展新常态下发展方式转变、产业结构转型的必然要求。

三、以"绿水青山就是金山银山"理念统筹经济发展和生态环境保护

"绿水青山就是金山银山"理念内容丰富，博大精深，渗透到生态文明建设的全方位和全过程，蕴藏着深邃的辩证思维、鲜明的价值取向和巨大的真理力量。习近平总书记在全国生态环境保护大会上指出："要自觉把经济社会发展同生态文明建设统筹起来。"[1] 我们要以"绿水青山就是金山银山"理念为引领，统筹推动经济高质量发展和生态环境高水平保护，不断提高环境治理水平，加快构建生态文明体系，努力走向社会主义生态文明新时代。

（一）既要绿水青山，也要金山银山，坚持在发展中解决环境问题

生态环境和经济社会发展相辅相成、不可偏废，要把生态优美和经济增

---

[1] 习近平：《生态兴则文明兴》，《人民日报》（海外版）2018 年 5 月 21 日，第 2 版。

长"双赢"作为发展的重要价值标准，"既要绿水青山，也要金山银山"。离开经济发展抓环境保护，只要绿水青山不要金山银山，是缘木求鱼；脱离环境保护搞经济发展，只要金山银山不要绿水青山，是竭泽而渔。"绿水青山""金山银山"和谐共生、相得益彰，必须坚持在发展中解决环境问题。

在发展中切实把解决环境问题摆在更加突出的位置。改革开放 40 多年来，我国经济社会发展取得了巨大成就，对世界经济增长贡献率超过 30%。同时，我国资源约束日益趋紧，环境承载能力接近上限，依靠要素低成本的粗放型、低效率增长模式已经难以持续。习近平总书记告诫我们："全党同志都要清醒认识保护生态环境、治理环境污染的紧迫性和艰巨性，清醒认识加强生态文明建设的重要性和必要性，真正下决心把环境污染治理好、把生态环境建设好，为人民创造良好生产生活环境。"① 在发展过程中，我们必须牢记"两个清醒认识"的重要论述，将解决环境问题作为绿色发展的应有之义。当前，解决环境问题的攻坚战时间紧、任务重、难度大，是一场大仗、硬仗、苦仗。生态文明建设正处于压力叠加、负重前行的关键期，已进入提供更多优质生态产品以满足人民日益增长的优美生态环境需要的攻坚期，也到了有条件有能力解决生态环境突出问题的窗口期。这就要求我们必须按照党中央对新时代推进生态文明建设部署的具体原则和要求，以更大的力度、更实的措施推进生态文明建设，加快形成绿色生产方式和生活方式，着力解决突出环境问题。湖北省鹤峰县九连山，叠翠云涌。下坪乡石堡村村民从"砍树人"变成"种树人"，依托青钱柳、红枫等经济林，实现"种 + 游"全产业链发展。在陕西省志丹县，沟岔纵横，一道道淤地坝拔地而起。这淤地坝既能拦沙蓄水，又能种树种粮，入黄河的泥沙明显少了。目前陕西省累计建成淤地坝 3.4 万座，拦泥 58 亿吨，年可增产粮食 3 亿公斤。这些生动实践表明，只有人不负青山，"望得见山、看得见水、记得住乡愁"的美好愿景才能早日变为现实。

---

① 中共中央文献研究室：《习近平关于社会主义生态文明建设论述摘编》，中央文献出版社 2017 年版，第 7 页。

　　坚持在保护中发展、在发展中保护。发展是人类永恒的主题，新时代社会主义生态文明建设进程中突出的资源、环境和生态问题，也必须依靠发展，特别是通过创新发展和绿色发展来解决。习近平总书记强调，"经济发展不应是对资源和生态环境的竭泽而渔，生态环境保护也不应是舍弃经济发展的缘木求鱼"[1]，这一论述深刻揭示了经济发展与环境保护的辩证关系。从我们目前的发展情况看，生态问题不能用停止发展的办法解决，保护优先不是反对发展，其核心是要正确处理保护与发展的关系，在发展中保护生态环境，用良好的生态环境保证可持续发展[2]。然而，如何协调经济与环境的关系，又是现实发展中的难题。新时代赋予发展新的内涵，过去认为生产农产品、工业品、服务产品才是经济活动，才是发展；但是现在，清新的空气、清洁的水源、舒适的环境越来越成为稀缺的生态产品[3]。近年来，不少地方发挥"山"的优势，做好"水"的文章，着力培育带动力强、影响面广的生态农业、生态工业、生态旅游，不仅绿了荒山，还为广大山区农民增收致富找到了一条新路子。位于江西省西南边陲的崇义县属中亚热带季风湿润区，常绿阔叶林生物气候带，境内山脉纵横交错，群峰起伏连绵，地势由西南向东北方向倾斜，累计大小河流 83 条，森林资源丰富，生态品质好，生态资源多，素有"江西省绿色宝库"的美誉。近年来，崇义县紧密结合优越的生态优势、独特的环境资源，推进生态产业化、产业生态化，坚定不移地实施三产融合发展战略，最终打通绿水青山与金山银山之间的双向转换通道。他们不仅实现"把产品卖出去"，实现了其生态产品价值最大化，还"把人引进来"，做旺其全域旅游，打通了绿水青山与金山银山之间的双向转换通道，使生态产业真正成为"富民产业""富县产业"。事实证明，我们可以把生态文明建设和环境保护工作与推动产业发展、群众脱贫致富紧密结合起来。

---

① 中共中央文献研究室：《习近平关于社会主义生态文明建设论述摘编》，中央文献出版社 2017 年版，第 19 页。

② 秦光荣：《改善生态环境就是发展生产力》，《人民日报》2014 年 1 月 16 日，第 7 版。

③ 黄承梁：《树立和践行绿水青山就是金山银山的理念》，《求是》2018 年第 13 期，第 52 页。

（二）宁要绿水青山，不要金山银山，决不能以牺牲环境为代价去换取一时的经济增长

绿水青山可以带来金山银山，但金山银山却买不到绿水青山。我们必须清醒认识到，破坏了绿水青山，就是砸掉了金饭碗；留得住绿水青山，才能守住聚宝盆。一旦二者发生选择冲突，"宁要绿水青山，不要金山银山"，决不能以牺牲环境为代价去换取一时的经济增长，绝不可再走以绿水青山换取金山银山的老路。

坚持宁可牺牲一点发展速度也要守护好生态环境。习近平总书记指出："我们决不能以牺牲生态环境为代价换取经济一时发展。"[1] 西方发达国家曾走过"先污染后治理、牺牲环境换取经济增长"的道路，我国一些地方在发展中也付出了很大的生态环境代价。往者不可谏，来者犹可追。推动经济社会发展，既要算经济社会效益账，也要算生态效益账，以尽可能少的资源消耗、尽可能小的环境代价实现最大的经济社会效益，使有限的环境、资源得到永续利用。这就要求我们不断提高资源利用率，使经济社会活动对生态环境的损害降到最低，实现经济效益、社会效益和生态环境效益多赢。以"中国煤海"——山西为例，曾经过度依赖资源，产业结构单一，粗放式发展，空气严重污染。自践行新发展理念以来，山西下大力气去产能、调结构，保护生态环境，让"致富花"盛开，惠及贫困群众；向科技创新转型，让"手撕钢"引领国际竞争舞台；发扬"右玉精神"，把一块块不毛之地变成"塞上江南"。今天的汾河沿岸，水草丰茂，云冈石窟，游人如织，再现锦绣盛景。实践再次证明了"绿水青山就是金山银山"的强大魅力。因此，习近平总书记特别强调，"我们一定要彻底转变观念，就是再也不能以国内生产总值增长率来论英雄了，一定要把生态环境放在经济社会发展评价体系的突出位置"[2]，"在这

---

① 中共中央文献研究室：《习近平关于社会主义生态文明建设论述摘编》，中央文献出版社 2017 年版，第 21 页。

② 中共中央文献研究室：《习近平关于社会主义生态文明建设论述摘编》，中央文献出版社 2017 年版，第 99—100 页。

方面，最重要的是要完善经济社会发展考核评价体系，把资源消耗、环境损害、生态效益等体现生态文明建设状况的指标纳入经济社会发展评价体系，建立体现生态文明要求的目标体系、考核办法、奖惩机制，使之成为推进生态文明建设的重要导向和约束"①。我们要牢固树立生态红线的观念，完善生态制度、维护生态安全、优化生态环境，更加自觉地推动绿色发展、循环发展、低碳发展，调整产业结构、生产方式和消费模式；在重大决策、区域开发、项目建设等方面实行环保一票否决制度，使各项决策更加有利于环境保护、更加有利于科学发展；宁可牺牲一点发展速度，也要保住良好的生态环境，决不走"先污染后治理"的老路，而要努力走出一条生产发展、生活富裕、生态良好的新型发展道路。

必须坚持生态优先、绿色发展。绿色发展是一个科学范畴。实现绿色发展，既不能仅仅强调绿色，也不能单纯追求发展，要走经济发展与生态保护双赢之路。"十四五"时期，绿色是经济保持一定发展速度的前提。践行"绿色决定生死"的理念，就必须有坚定的"舍得"思维，就必须有强大的转型定力，顶得住生态治理的压力，也必须付出和承受得住生态治理的代价。遇到的矛盾再尖锐，也要"偏向虎山行"；涉及的利益再复杂，也要壮士断腕把刀砍下去；"有污染的GDP"再诱人，也要坚决舍弃。不能因为主动关停治理排污企业、影响发展速度而背"政绩包袱"。要充分发挥考核"指挥棒"作用，进一步完善考核指标体系，让绿色发展权重到位，突出"绿色GDP"，让坚持绿色发展的地方和干部不吃亏，还要获得激励奖励。为提高执法效能，2020年4月，生态环境部发布《关于实施生态环境违法行为举报奖励制度的指导意见》，鼓励举报人依法实名举报生态环境违法行为，鼓励企业内部知情人员举报。从天津市生态环境局对群众举报非法处置废铅酸蓄电池案件实施奖励、江苏省生态环境厅对群众举报某厂排放有毒物质案件实施奖励、浙江省生态环境厅对群众举报跨市非法倾倒工业固废案件实施奖励、河南省生态环境厅对群众举报工业废水案件实施奖励等

① 中共中央文献研究室：《习近平关于社会主义生态文明建设论述摘编》，中央文献出版社 2017 年版，第 99 页。

典型案例中可以看出，违法举报奖励制度对各类环境违法行为已形成有效威慑，使得生态环境违法行为无处遁形。目前，举报奖励制度领域的规范创设还处于摸索阶段，尚未形成层级完整的法律规范体系，亟待进一步完善相关制度。

（三）绿水青山就是金山银山，实现经济社会发展与人口、资源、环境相协调

在现代经济发展进程中，生态环境已成为一个国家和地区综合竞争力的重要组成部分。"绿水青山就是金山银山"，是"绿水青山"与"金山银山"关系的最高境界，也是进行社会主义现代化建设的不懈追求。要坚持在发展中保护、在保护中发展，实现经济社会发展与人口、资源、环境相协调，使绿水青山产生巨大生态效益、经济效益、社会效益。

牢固树立"绿水青山就是金山银山"理念。党的十九大报告强调，要牢固树立社会主义生态文明观。绿水青山就是金山银山，是社会主义生态文明观的核心价值理念。新时代推进生态文明建设，必须引导全社会牢固树立绿水青山就是金山银山的理念，提高全民生态文明意识，努力形成"尊重自然、顺应自然、保护自然"的文化自觉。首先，树立生态安全观。当前，虽然生态环境问题日益严峻，但是我国民众的生态保护意识、危机意识还远未成熟，尚缺乏对新的发展理念、伦理价值观的透彻理解。在这种情况下，切实增强民众生态环境保护意识，培育生态环境安全观就成了调整人与自然关系的重要一环。通过多种形式的教育宣传，引导民众充分认识人类不仅要利用自然、开发自然，更要爱护自然、尊重自然规律，提高民众参与环境保护和建设的自觉性和积极性，努力形成人与自然和谐共生的良好局面。其次，树立生态福利观。通过强化生态文明教育，让民众清醒认识到，生态环境一旦遭到污染和破坏，不仅影响经济社会发展，还会影响生活质量，最终受害者是我们自身。通过普及生态福利观点，让民众清醒认识到，要想恢复已遭受污染的环境，其成本远比以牺牲环境为代价所取得的经营利润要高得多，甚至被污染的环境可能具有不可恢复性，其带来的严重后果将殃及子孙、形成代际恶

性循环；而建设美丽中国，实现人与自然和谐共生，不仅能为广大人民群众提供丰富的、优质的生态产品，提高人民群众生活质量，而且能为经济社会健康发展提供重要支撑。最后，树立生态发展观。人与自然的关系是人类社会最基本的关系，协调好人与自然的关系，实际就是要正确处理好自然、人口、资源、环境与经济社会发展的关系问题。只有尊重自然、顺应自然、保护自然，做到人与自然和谐相处、协调发展，人民群众的生活质量才能得到保障，才能实现经济社会可持续发展。

切实践行"绿水青山就是金山银山"理念。习近平总书记指出："必须坚持节约优先、保护优先、自然恢复为主的方针，形成节约资源和保护环境的空间格局、产业结构、生产方式、生活方式，还自然以宁静、和谐、美丽。"[1]贯彻落实这一要求，必须切实践行绿水青山就是金山银山的理念。首先，强化生态红线意识。强化生态红线意识，既是国情使然，也是形势所迫。长期对生态资源的过度透支已经使生态环境不堪重负，如不划定生态红线，生态欠账就还不上；一旦生态赤字过大，经济和文明就会濒临崩溃。习近平总书记特别强调，"生态红线的观念一定要牢固树立起来"[2]，"要精心研究和论证，究竟哪些要列入生态红线，如何从制度上保障生态红线，把良好生态系统尽可能保护起来。列入后全党全国就要一体遵行，决不能逾越。在生态环境保护问题上，就是要不能越雷池一步，否则就应该受到惩罚"[3]。这体现了我们党保护生态环境的坚强决心和坚定意志。强化生态红线意识，必须明确生态红线就是生态安全的底线，是不能触摸的"高压线"，一旦触摸就要让越界者受到应有惩罚、付出巨大代价。以山东青岛为例，自 2022 年以来，有市民发现河库周边的警示牌有了变化，牌子设置的点位更多、信息更全面、禁止事项一

---

① 习近平：《决胜全面建成小康社会　夺取新时代中国特色社会主义伟大胜利》，《人民日报》2017 年 10 月 28 日，第 1 版。

② 中共中央文献研究室：《习近平关于社会主义生态文明建设论述摘编》，中央文献出版社 2017 年版，第 99 页。

③ 中共中央文献研究室：《习近平关于社会主义生态文明建设论述摘编》，中央文献出版社 2017 年版，第 99 页。

目了然。据了解，自青岛正式实施《青岛市饮用水水源保护条例》以来，除了扩大保护范围，更是细化加严保护区管控措施，在上位法要求的基础上，又增设了多点位界标、警示牌、宣传牌、视频监控、隔离防护网等规范化设施，为水源地保护架起多层"护盾"。青岛通过采取无人机飞检和人工现场核查相结合的方法，对饮用水水源地进行日常监督管理。同时，鼓励广大市民首先要承担起保护饮用水水源的义务，有权对污染、损害饮用水水源和环境的行为进行劝阻、举报。只有严起来，才能使禁止开发区、限制开发区、水源涵养地、生态屏障区、生态脆弱区得到切实有效保护，为子孙后代留下天蓝、地绿、水净的美好家园。其次，增强生态产品生产能力。这就要求各级政府强化"抓生态就是抓民生"的理念，履行好公共服务职能。只有这样，才能把"增强生态产品生产能力"的要求落到实处，更好地满足人民群众对生态产品的需求。[①] 再次，构建低碳高效的生态经济体系。2015 年 11 月，习近平总书记在中央扶贫开发工作会议上指出："要通过改革创新，让贫困地区的土地、劳动力、资产、自然风光等要素活起来，让资源变资产、资金变股金、农民变股东，让绿水青山变金山银山，带动贫困人口增收。"[②] 这一重要论述，既为坚决打赢脱贫攻坚战注入生态脱贫新理念，也为生态文明建设赋予新时代新使命新担当。新时代，要改造、破除旧动能，推进高耗能、高排放、高污染的传统产业加速转型升级，利用技术引进、技术创新进行低碳化、清洁化和生态化的改造，并大力发展循环经济；要培育新业态，发掘优质生态环境资源比较优势，把生态红利、旅游资源、文化禀赋转变为发展红利，增加优质生态产品供给；发展绿色产业，推动生态产业化，通过推动生态要素向生产要素、生态优势向发展优势转变，形成生态与经济的良性循环，实现生态资源的保值增值，真正变绿水青山为金山银山。近年来，各地探索构建"政府主导、企业和社会各界参与、市场化运作、可持续"的生态产品价值实现机制，取得了积极成效，形成了一批典型做法。地处闽、粤、台三地交界海域的广

---

① 李军：《走向生态文明新时代的科学指南》，《人民日报》2014 年 4 月 23 日，第 7 版。

② 《习近平谈扶贫》，《人民日报》（海外版）2018 年 8 月 29 日，第 5 版。

东南澳县，坚持"生态立岛、旅游旺岛、海洋强岛"战略，依托丰富的海域海岛自然资源和深厚的历史文化底蕴，大力推进"蓝色海湾"等系列海岛保护修复、近零碳排放城镇试点、海岛生态文体旅产业建设，不仅提升了海洋生态系统的质量，增强了优质生态产品的供给，而且推动了生态保护与产业发展的融合，形成了绿色低碳产业发展体系，使优良的海洋资源和生态环境成为当地群众的"幸福不动产"和"绿色提款机"，走出了一条"绿水青山""蓝天碧海"向"金山银山"有效转化的绿色发展道路。最后，建立科学合理的考核评价体系。要破除"唯 GDP 论英雄"的观念，建立体现生态文明要求的考核评价体系。既看产出，也看消耗；既看速度，也看质量；既看经济，也看生态；既看富裕，也看健康。发挥考核"指挥棒"的作用，提高生态建设的考核权重，以机制创新引导广大干部树立正确政绩观。习近平总书记在参加河北省委常委班子专题民主生活会时就特别指出："要给你们去掉紧箍咒，生产总值即便滑到第七、第八位了，但在绿色发展方面搞上去了，在治理大气污染、解决雾霾方面作出贡献了，那就可以挂红花、当英雄。反过来，如果就是简单为了生产总值，但生态环境问题越演越烈，或者说面貌依旧，即使搞上去了，那也是另一种评价了。"[①] 此外，要建立对领导干部的责任追究制度，对那些不顾生态环境盲目决策、造成严重后果的人，必须追究其责任，而且终身追究。通过充分发挥法治的作用，将生态文明建设纳入法制化轨道，切实加强立法、执法等各个环节，真正做到有法可依、有法必依、执法必严、违法必究，形成依法保护生态环境的浓厚氛围。党的十八大之后，最高人民法院、最高人民检察院《关于办理环境污染刑事案件适用法律若干问题的解释》已正式施行，一些地方也已经制定实施了各具特色的生态文明建设地方性法规，为规范各方行为提供了重要依据；有的城市设立了生态法庭、生态检察院、生态警察局，对环保违法行为形成了强大震慑力。正如习近平总书记指出的，"保护生态环境必须依靠制度、依靠法治。只有实行最严格的制度、最严密的法治，

---

① 中共中央文献研究室：《习近平关于社会主义生态文明建设论述摘编》，中央文献出版社 2017 年版，第 21 页。

才能为生态文明建设提供可靠保障"①，坚持用制度管人、按法规办事，生态文明建设就有了坚强保障，建设美丽中国、走向生态文明新时代的美好愿景就一定能变成现实。

① 中共中央文献研究室：《习近平关于社会主义生态文明建设论述摘编》，中央文献出版社 2017 年版，第 99 页。

第 三 章

推动形成绿色发展方式和
生活方式

发展是党执政兴国的第一要务。党的十八大以来，习近平总书记着眼于实现中华民族伟大复兴的中国梦，站在全局和战略的高度，把生态文明建设作为统筹推进"五位一体"总体布局和协调推进"四个全面"战略布局的重要内容，提出一系列新理念新思想新战略。2017 年，习近平总书记在主持十八届中央政治局第四十一次集体学习时指出，"要推动形成绿色发展方式和生活方式"①。这是继党的十八届五中全会提出五大发展理念后对绿色发展理念的又一次深刻论述，是对绿色发展观的进一步丰富和发展。党的二十大报告进一步强调要："加快发展方式绿色转型。"② 这对于我们推进生态文明建设具有重大而现实的指导意义。

一、形成绿色发展方式和生活方式的重要意义

党的十八大以来，以习近平同志为核心的党中央把生态文明建设放在更加突出的位置，在国内外诸多场合多次谈到绿色发展。习近平总书记指出，"绿色发展是生态文明建设的必然要求"③ "人类发展活动必须尊重自然、顺应自然、保护自然"④，要"以对人民群众、对子孙后代高度负责的态度和责任，真正下决心把环境污染治理好、把生态环境建设好，努力走向社会主义生态文

---

① 《推动形成绿色发展方式和生活方式　为人民群众创造良好生产生活环境》，《人民日报》2017 年 5 月 28 日，第 1 版。

② 习近平：《高举中国特色社会主义伟大旗帜　为全面建设社会主义现代化国家而团结奋斗——在中国共产党第二十次全国代表大会上的报告》，人民出版社 2022 年版，第 50 页。

③ 习近平：《为建设世界科技强国而奋斗》（2016 年 5 月 30 日），人民出版社 2016 年版，第 12 页。

④ 习近平：《为建设世界科技强国而奋斗》（2016 年 5 月 30 日），人民出版社 2016 年版，第 12 页。

明新时代，为人民创造良好生产生活环境"①。这些重要论述表明，推动形成绿色发展方式和生活方式具有十分重要的战略地位。

（一）形成绿色发展方式和生活方式是发展观的一场深刻革命

2017 年 5 月 26 日，习近平总书记在中共中央政治局第四十一次集体学习时就指出，"推动形成绿色发展方式和生活方式，是发展观的一场深刻革命"②。2017 年 6 月，他在山西考察工作时再次强调，"坚持绿色发展是发展观的一场深刻革命"③。由此可见，形成绿色发展方式和生活方式并不是表象的变化，而是触及灵魂深处的革命。

发展观，指的是一定时期内一个国家经济与社会的发展需求和发展方式在思想观念上的聚焦反映。通俗地说，是一个国家在发展进程中对发展及怎样发展的总的和系统的看法。而"革命"体现在质变上。这种质变体现在以下几个方面：

第一，从宏观上看，形成绿色发展方式和生活方式是在实践中彻底摒弃了近代西方工业文明以来所形成的"人类中心主义"的发展理念。

"二战"后，世界各国都在积极谋求发展。相应地，1955 年，美国普林斯顿大学教授刘易斯提出了把发展等同于经济增长，认为有了经济增长就有了一切的发展观。受发展经济学的影响，人们普遍认为有了经济增长就有了一切。在发展过程中，对物质财富增长的渴望使一些国家秉持一种人与自然主客二元对立的"人类中心主义"思维模式，经济增长也随之进入畸形的轨道。在这种思维模式中，"自然"只被看作具有使用价值和工具价值的客体性存在，而人类则被看作对自然进行操纵、控制和征服的主体性存在。人类使自然成

---

① 《坚持节约资源和保护环境基本国策　努力走向社会主义生态文明新时代》，《人民日报》2013 年 5 月 25 日，第 1 版。

② 《推动形成绿色发展方式和生活方式　为人民群众创造良好生产生活环境》，《人民日报》2017 年 5 月 28 日，第 1 版。

③ 《扎扎实实做好改革发展稳定各项工作　为党的十九大胜利召开营造良好环境》，《人民日报》2017 年 6 月 24 日，第 1 版。

为奴隶和附庸，开始轻视自然、蔑视自然，甚至以征服者、占有者的姿态面对自然，为满足自身需要而向大自然不断索取，使人类赖以生存的自然环境遭到严重破坏。然而，各国在片面追逐经济增长的同时没有处理好人与自然的关系的苦果最终还需人类自己吞噬。由于在发展过程中忽视生态环境的保护，导致资源消耗过大和生态环境严重恶化，以致生态危机日益严重，并为解决能源资源消耗过大和生态环境严重恶化的问题付出了高昂的发展代价。种种惨痛的教训，迫使西方工业化国家纷纷调整发展思路和发展模式，催生了诸如"零增长"药方、污染转移等所谓的解决方案。

而在我国，迅速改变贫穷落后的面貌成为新中国成立后人民的热切愿望和追求。在高度的经济发展过程中，受片面的发展观和政绩观的影响，一些地方和领域在发展经济过程中出现了竭泽而渔的急功近利现象。由此，一方面，我国的经济实力和综合国力显著增强，经济社会发展取得全面进步，已经成为世界第二大经济体；但另一方面，这种只要金山银山，不要绿水青山的经济增长方式导致了经济建设与生态环境之间的矛盾日益突出，我国经济快速发展的同时造成人与自然关系严重对立的紧张局面，资源紧缺、环境污染、生态失衡等一系列问题成为我国经济社会发展的瓶颈。

基于此，习近平总书记指出："生态文明建设是关系中华民族永续发展的根本大计。""生态兴则文明兴，生态衰则文明衰。"[1] 生态文明建设的核心是正确处理人与自然的关系。形成绿色发展方式和生活方式，首先要在理念上正确处理人与自然之间的关系。习近平总书记强调指出，"人类发展活动必须尊重自然、顺应自然、保护自然，否则就会遭到大自然的报复。这个规律谁也无法抗拒。人因自然而生，人与自然是一种共生关系，对自然的伤害最终会伤及人类自身"[2]。由此可见，人类既不是自然的奴隶，也不是自然的主子；人属于自然，自然是人类赖以生存发展的基本条件，人与自然之间是一种共生关系。因此，我们要尊重自然，尊重自然的创造和存在；顺应自然，使人类的

---

① 习近平：《推动我国生态文明建设迈上新台阶》，《求是》2019年第3期。

② 《推动形成绿色发展方式和生活方式　为人民群众创造良好生产生活环境》，《人民日报》2017年5月28日，第1版。

活动符合自然规律；保护自然，保护自然生态系统，把人类活动控制在自然可承受范围之内。人与自然的这种共生关系要求人类在利用和改造自然的过程中，必须积极主动保护自然，积极改善和优化人与自然的关系，形成节约资源和保护环境的空间格局、产业结构、生产方式、生活方式，推动形成绿色发展方式和生活方式。

第二，从微观上看，形成绿色发展方式和生活方式必须发生在人类自我革命的基础之上。

"人类需要一场自我革命，加快形成绿色发展方式和生活方式，建设生态文明和美丽地球。"[①]2020 年 9 月 22 日，在第七十五届联合国大会一般性辩论发言中，习近平主席的话语掷地有声。在世界发展的十字路口，中国不仅展现了大国担当，也用实际行动传递信心、决心与希望。

人类需要一场怎样的自我革命？

首先，在发展认知上，要实现发展理念的大变革。绿色意识的形成，离不开绿色自觉。如，正确对待经济发展与生态保护关系问题。当前，我们在绿色发展上取得了明显的成绩，但还要在深度和广度上继续迈进。有观点认为，绿色发展就应该是彻底"返璞归真"、回归自然，这是一种误解。生活品质的改善是人类社会发展的方向与追求，人类社会发展不可能回到原始时代。人是社会性的动物，我们也不可能回到原始时代。还有观点认为，绿色发展就等于贫困经济，认为绿色发展就要牺牲经济发展，这也是不对的。应当意识到，"冻结"发展不可取，发展是硬道理。然而，社会需要创造必要的物质财富和精神财富以满足人民日益增长的美好生活需要，而人民日益增长的对优美生态环境的需要，客观上也包括优质生态产品的生产和提供。因此，不是不要发展，关键是要绿色发展，要与自然和谐共生的发展。绿色发展的本质是要解决好人与自然和谐共生问题，强调人与自然的生命共同体关系。习近平总书记提出的"绿水青山就是金山银山"的重要论断，就为我们指明

---

① 《习近平在第七十五届联合国大会一般性辩论上发表重要讲话》，《人民日报》2020 年 9 月 23 日，第 1 版。

了实现发展和保护内在统一、相互促进和协调共生的方法论。2010年12月，国务院印发的《全国主体功能区规划》首次提出的"生态产品"概念，党的十八大明确要求的"实施重大生态修复工程，增强生态产品生产能力"，党的十九大报告提出"既要创造更多物质财富和精神财富以满足人民日益增长的美好生活需要，也要提供更多优质生态产品以满足人民日益增长的优美生态环境需要"，以及2020年10月，《中共中央关于制定国民经济和社会发展第十四个五年规划和二〇三五年远景目标的建议》中明确提出的"建立生态产品价值实现机制"等一系列举措，都是发展理念变革的具体部署。应当认识到，环境就是民生，青山就是美丽，蓝天也是幸福。生态环境也是财富，是生产力的重要组成部分，保护生态环境就是保护生产力、改善生态环境就是发展生产力。

其次，在发展模式上，要实现发展导向的根本性变革。在生活中，绿色发展需要消费革命，必须摒弃穷奢极欲、炫富比阔，注重品质、健康、绿色。如推动采用太阳能热水、使用纯电动汽车、公交绿色出行。在社会层面，则体现在从发展的量到质的导向转变，绿色是刚性约束，绿色就是发展。如，"唯GDP论英雄"的传统发展观下孤立、静止、片面地认知经济发展，结果就会导致环境污染，经济和社会问题突出。从本质诉求来看，绿色发展就是要改变过多依赖增加物质资源消耗、过多依赖规模粗放扩张、过多依赖高能耗高排放产业的发展模式，实现更多依靠创新驱动、更多发挥先发优势的引领型发展。近年来，针对实现发展导向变革过程中的一些难点问题，各地取得了突破性进展。比如，针对生态产品"度量难"的问题，浙江丽水市率先设置了GEP（生态系统生产总值）转化为GDP的一级考核指标，把GDP和GEP"两个较快增长"、生态环境质量等纳入干部离任审计指标体系。2020年，浙江丽水市还编制了《浙江省丽水市森林经营碳汇普惠方法学》，制定了《浙江省丽水市林业碳汇开发及交易管理暂行办法》，不仅使碳汇成为一种生态产品形态，而且在解决标准难、变现难的问题方面取得了积极进展。针对生态产品"抵押难"问题，江西省金溪县创新"古村落金融贷"，以抵押方式支持古建筑保护。针对生态产品"低价格"的问题，江西婺源变传统的"种农田"

为现代的"种景观"，带动区域农副产品销售和旅游业发展。针对生态产品"变现难"的问题，福建省南平市对碎片化的森林资源进行集中收储和整合优化，转换成连片优质的"资产包"，引入社会资本和专业运营商具体管理，打通了资源变资产、资产变资本的通道。由此，绿色发展需要技术创新与技术革命，需要更多包括有关绿色发展方面的技术研发和产业导向政策的供给侧结构性改革。通过技术进步和政策调整，必然有利于推进绿色发展；而这种追求生态优先的高质量发展，必定带来绿色繁荣。

最后，在发展路径上，要实现法规制度的根本保障。革命不是请客吃饭，实现绿色发展这场深刻革命并不简单，需要由表及里，触及灵魂深处。要从法治层面，完善绿色体系。通过划定红线、设置底线，形成威慑力，推动每一个人都置身于这场深刻革命。例如，首先在经济层面，就要让绿色的社会利益与个体的经济利益形成利益共同体，即保护绿色是有收益的，破坏绿色是有代价的。其次，当前要想实现生态产品的价值，还需在很多方面做出制度设计，如，在产权制度方面，继续完善自然资源资产产权制度改革；在核算制度方面，完善生态产品价值的核算体系；在数据支撑方面，完善生态环境监测体系和数据共享。此外，自然环境生态空间的确权登记，能够体现碳汇价值的生态保护补偿机制，碳汇项目参与的全国碳排放权交易相关规则，以生态产品价值实现的专项法律，以及以生态补偿、水权交易、碳汇交易、生态产品项目建设公私合作、生态产品项目融资等具体领域法律为组成部分的法律保障体系都应当及时建立并完善起来。如今，在浙江丽水龙泉市，为了实现"碳中和"，已经围绕"固碳、低碳、减碳、卖碳、护碳"五大环节，以数字化改革为引领，以制度创新为动力，以司法力量为保障，探索出了一条通过"绿起来"带动"富起来"进而"强起来"的县域低碳化发展道路。他们通过创设"5G"绿境环境资源审判理念，打造集预防、处置、审判、修复于一体的综合防治体系，挂牌成立百山祖国家公园（龙泉）生态"共享法庭"，打造出了"打击 + 修复 + 保护"的"碳汇 +"生态司法新格局。

（二）形成绿色发展方式和生活方式是贯彻新发展理念的必然要求

我们党领导人民治国理政，很重要的一个方面就是要回答好实现什么样的发展、怎样实现发展这个重大问题。2015 年，党的十八届五中全会提出了全面建成小康社会的新目标，首次提出创新、协调、绿色、开放、共享五大发展理念。新发展理念是管全局、管根本、管长远的导向。党的十九大确立的实现第二个百年奋斗目标的两个阶段安排，以及党的十九届五中全会对"十四五"时期经济社会发展的规划，对 2035 年远景目标的展望，都特别强调"把新发展理念贯穿发展全过程和各领域"。这些都为我国实现"两个一百年"奋斗目标、实现中华民族伟大复兴指明了发展的方向。

在五大发展理念中，绿色发展一直备受党中央重视，习近平总书记在多个场合对绿色发展理念作了一系列论述。习近平总书记强调，"推动形成绿色发展方式和生活方式是贯彻新发展理念的必然要求，必须把生态文明建设摆在全局工作的突出地位，坚持节约资源和保护环境的基本国策，坚持节约优先、保护优先、自然恢复为主的方针，形成节约资源和保护环境的空间格局、产业结构、生产方式、生活方式，努力实现经济社会发展和生态环境保护协同共进，为人民群众创造良好生产生活环境"[①]。

如何处理好发展经济与生态文明的关系，是人类社会发展历史上的一个重大问题。欧美等老牌资本主义国家走的是"先污染后治理"老路，在经济发展过程中，把生态环境破坏了，严重影响了公众的生活，乃至影响了经济的最终发展。20 世纪，发生在西方国家的"世界八大公害事件"就是典型的例子。其中，洛杉矶化学烟雾事件，导致近千人死亡，75% 以上市民患上红眼病。在 1952 年 12 月首次爆发的伦敦烟雾事件在短短数天内，死亡人数就高达 4000，随后两个月内又因呼吸疾病死亡近 8000 人，之后的 1956 年、1957 年、1962 年又连续多次发生严重的烟雾事件，造成群体性死亡。技术创新高地的美国大量使用"先进高效"的化学杀虫剂，杀灭蚊蝇的同时毒死鸟类，

①《推动形成绿色发展方式和生活方式　为人民群众创造良好生产生活环境》，《人民日报》2017年 5 月 28 日，第 1 版。

破坏自然生态系统，造成"寂静的春天"。为了治理这些严重的环境污染，西方付出了惨痛的代价。西方这种以牺牲环境为代价的经济发展模式，已经被事实证明行不通。我们在取得经济发展的同时，也积累了严重的生态环境问题，影响到经济的可持续发展，成为人民反映强烈的突出问题。不走发达国家的高污染高排放老路，大胆探索，走低消耗低排放的绿色发展之路，是我们直面现实问题的必然选择。习近平总书记多次强调，保护生态环境就是保护生产力，改善生态环境就是发展生产力。这其实是对人类社会发展规律认识的不断深化，就是告诉我们要注重处理好发展与环境关系，理解绿色与发展之间的辩证统一关系。从经济学意义上讲，绿色发展就是认可自然的价值。发展离不开绿色，只有认知并坚持绿色发展，发展才是有质量的和可持续的。发展也是为了更好地实现绿色。只有通过发展，不断积累起强大的物质财富和技术能力，我们才能不断加强市场投入和技术创新，才有可能提高效率、减少排放、治理污染，最终提高综合国力和竞争力。

形成绿色发展方式和生活方式是我国直面生态环境问题的必然选择。2018 年 11 月，京津冀及周边地区出现四次重污染天气过程，北京及周边地区人民不得不在重污染天气下出行。这种重污染天气确实和大雾、沙尘天气等因素有关，但根本原因还在于其污染物排放总量远超环境容量，归根结底是发展方式和生活方式问题。改革开放以来，我们用几十年的时间走过了西方国家几百年的发展历程，创造了世界第二大经济体的"中国奇迹"，但与此同时，粗放型发展方式，以无节制消耗资源、破坏环境为代价，不但使我国能源、资源不堪重负，而且造成大范围雾霾、水体污染、土壤重金属超标等突出环境问题。2012 年 12 月 7 日，习近平总书记在广东考察时就指出："我们在生态环境方面欠账太多了，如果不从现在起就把这项工作紧紧抓起来，将来会付出更大的代价。"[①] 人因自然而生，人与自然关系是一种共生关系，对自然的伤害最终会伤及人类自身。生态环境没有替代品，用之不觉，失之难存。

---

① 《为了中华民族永续发展——习近平总书记关心生态文明建设纪实》，《人民日报》2015 年 3 月 10 日，第 1 版。

习近平总书记指出，"环境就是民生，青山就是美丽，蓝天也是幸福，绿水青山就是金山银山；保护环境就是保护生产力，改善环境就是发展生产力。在生态环境保护上，一定要树立大局观、长远观、整体观，不能因小失大、顾此失彼、寅吃卯粮、急功近利。我们要坚持节约资源和环境保护的基本国策，像保护眼睛一样保护生态环境，像对待生命一样对待生态环境，推动形成绿色发展方式和生活方式，协同推进人民富裕、国家富强、中国美丽"①。

形成绿色发展方式和生活方式是我国直面经济发展瓶颈的必然选择。当前，从世界范围看，全球人口快速增长以及经济的快速发展进一步加剧了资源消耗。地球资源的有限性难以满足日益增长的人口和社会经济需要，再加上各国在经济发展过程中消耗了大量不可再生能源，严重破坏了地球生态平衡。除工业以外，人类不合理的农业活动和消费行为对绿色发展也带来了巨大挑战。在我国，同样如此。一方面，能源资源相对不足、生态环境承载力不强，是我国的基本国情；另一方面，当前我国经济发展中，高投入、高消耗、高污染的传统发展方式已不可持续，建立在大量资源消耗、环境污染基础上的增长则更难以持久。党的十八大以来，以习近平同志为核心的党中央，提出新常态的经济方位，进行供给侧结构性改革，号召全社会树立创新、协调、绿色、开放、共享的五大发展理念，就是为了有效解决经济发展和环境保护的矛盾。正确处理经济发展和生态环境保护的关系，像保护眼睛一样保护生态环境，像对待生命一样对待生态环境，坚决摒弃损害甚至破坏生态环境的发展模式，坚决摒弃以牺牲生态环境换取一时一地经济增长的做法，让良好生态环境成为人民生活的增长点、成为经济社会持续健康发展的支撑点。

（三）形成绿色发展方式和生活方式是顺应人们对美好生活向往的现实需要

建设生态文明，关系人民福祉，关乎民族未来。推动绿色发展，形成绿色生产方式和生活方式，是满足人民日益增长美好生活需要的重要方面，也

---

① 习近平：《在省部级主要领导干部学习贯彻党的十八届五中全会精神专题研讨班上的讲话》（2016 年 1 月 18 日），人民出版社 2016 年版，第 19 页。

是经济社会可持续发展的必要条件。

将生态环境和生态文明建设上升到重大政治问题和重大社会问题的高度，强化其政治色彩和民生色彩，是由中国共产党执政为民的使命宗旨决定的。得民心者得天下，失民心者失天下，人民拥护和支持是党执政的最牢固根基。自我们党诞生之日起，共产党人就把人民对美好生活的向往，作为自己的奋斗目标，为此不惜抛头颅洒热血。人民热切盼望在"站起来"的同时能够"富起来"。党顺应人民的呼声，开始了波澜壮阔的改革开放伟大历程，取得了辉煌的成就，进一步赢得了人民群众的拥护和信任。时代发展到今天，我们党同样要以人民的愿望作为自己的行动指南。2012年11月15日，习近平同志在就任党的总书记后与中外记者见面时饱含深情地说："我们的人民热爱生活，期盼有更好的教育、更稳定的工作、更满意的收入、更可靠的社会保障、更高水平的医疗卫生服务、更舒适的居住条件、更优美的环境，期盼孩子们能成长得更好、工作得更好、生活得更好。人民对美好生活的向往，就是我们的奋斗目标。"① 这段话中，把"更优美的环境"列为党的奋斗目标，揭示了今天我们党要巩固执政之基，就必须实现人民对优美环境的愿望这一朴素而深刻的道理。生态环境也就成为与执政党的使命宗旨以及人民生活紧密地联系在一起的重大政治问题和重大社会问题。绿色是人民美好生活的底色，坚持绿色发展就是坚持以人民为中心的发展，绿色发展是实现人民美好生活的根本保障。只有以绿色发展的成就实现人民对美好生活的向往，才能使人民群众在享受绿色福利和生态福祉中促进经济社会持续健康发展和人的自由而全面发展，从而最大限度地体现出发展应有的经济价值与社会价值。

政治问题和社会问题从来都不是空洞抽象玄虚的问题，而是始终与人民群众关联着的具体实在的问题。② 一方面，生态环境问题直接地影响到人民群众生存和发展的根本利益、切身利益、长远利益。我国在实现经济高速增长的同时，各类环境污染呈高发态势，成为民生之患、民心之痛。山东临沂南

---

① 《人民对美好生活的向往　就是我们的奋斗目标》，《人民日报》2012年11月16日，第4版。

② 方世南：《从重大政治问题和社会问题的高度推进生态文明建设》，《今日永城》2018年6月19日，第4版。

涞河砷化物超标严重水污染事件、湖南浏阳镇头镇镉污染事件、陕西凤翔血铅案、四川泸州电厂燃油泄漏事故污染长江水体事件、湖北省竹山垃圾场污染事件等因环保问题引发的群体性事件在不断地向我们敲响警钟。然而，只要不转变生活方式和生产方式，环境问题就仍会像恶魔般无情地威胁着生态平衡，危害着人体健康，制约着经济和社会的可持续发展。2014 年，全国开展空气质量新标准监测的 161 个城市中，只有 16 个城市空气质量年均值达标，占比不到 10%；202 个地级及以上城市的地下水水质监测点中，水质为优良的监测点仅占 10.8%，较差、极差的超过 60%；全国土壤污染总超标率达到 16.1%，其中重度污染点比例超过 1%。特别是"2015 年末，华北、东北地区持续遭遇雾霾袭击，东北地区重度及以上污染城市达 21 个。首都北京更是多次遭受雾霾，中小学停课、机动车单双号限行、工业企业停产限产、施工工地全部停止室外作业已经多次进行，社会震动很大"[1]。人民群众对大气污染、水污染、土壤污染、食品安全等问题反映强烈，生态环境的破坏和污染已经成为一个突出的民生问题，处理不好往往容易引发群体性事件。对此，2013 年 4 月 25 日，习近平总书记在中央政治局常委会会议上将生态文明建设问题上升为政治问题，明确指出："如果仍是粗放发展，即使实现了国内生产总值翻一番的目标，那污染又会是一种什么情况？届时资源环境恐怕完全承载不了。经济上去了，老百姓的幸福感大打折扣，甚至强烈的不满情绪上来了，那是什么形势？所以，我们不能把加强生态文明建设、加强生态环境保护、提倡绿色低碳生活方式等仅仅作为经济问题。这里面有很大的政治。"[2] 他指出，"生态环境保护是功在当代、利在千秋的事业。要清醒认识保护生态环境、治理环境污染的紧迫性和艰巨性，清醒认识加强生态文明建设的重要性和必要性，以对人民群众、对子孙后代高度负责的态度和责任，真正下决心把环境污染治理好、把生态环境建设好，努力走向社会主义生态文明新时代，

---

① 龚云：《怎样还清生态文明建设的历史欠账》，《人民论坛》2016 年第 36 期。
② 《习近平谈生态文明 10 大金句》，《人民日报》（海外版）2018 年 5 月 23 日，第 5 版。

为人民创造良好生产生活环境"①。这些重要论述，都从政治的高度分析和认识我国的发展战略，直指生态文明建设的要害。当生态矛盾越来越尖锐，人民群众对于生态权益和生态安全的要求越来越强烈的时候，生态文明建设就更体现执政党的重大政治责任和政治使命。正是从实现好维护好发展好最广大人民根本利益出发，我们党提出了形成绿色发展方式和生活方式。这是着力补齐生态环境保护这一突出短板，协同推进人民富裕、国家富强、中国美丽的基本途径，关乎我国经济社会发展全局。

另一方面，在新时代，人民群众日益增长的美好生活需要，既包括美好的物质生活，又包括美好的政治生活、美好的精神文化生活、美好的社会生活和美好的生态生活。随着人民群众物质文化生活水平的提高，我们的社会结构、消费结构、生产和生活方式正在发生深刻变化，人民群众对生态环境将会提出更高要求。天蓝、地绿、水清是人民群众过上美好生活的基础。生活得好不好，人民群众最有发言权。真抓实干践行以人民为中心的发展思想，必须从人民群众普遍关注、反映强烈的问题出发，拿出更多改革创新举措。尽管我国生态文明建设正处于压力叠加、负重前行的关键期，但也到了我国有条件有能力解决生态环境突出问题、提供更多优质生态产品以满足人民日益增长的优美生态环境需要的攻坚期。2013 年 4 月 8 日至 10 日，习近平总书记在海南考察工作时就指出，"良好生态环境是最公平的公共产品，是最普惠的民生福祉"②。形成绿色发展方式和生活方式，就是要以改善环境质量为核心，扩大优质生态产品供给，让人民群众在良好的生态环境中生产生活，不断增强群众获得感和幸福感。由此可见，只有在党的领导下，从讲政治和重视民生的高度认识生态环境问题，将加强生态文明建设作为新时代的重大政治任务和重大民生实事，作为中华民族永续发展的根本大计，将经济发展建立在生态环境优良的基础上，坚持生态惠民、生态利民、生态为民，才能协

---

① 《生态环境保护多重要，听习近平怎么说》，新华网，2018 年 5 月 17 日，http://www.xinhuanet.com/politics/xxjxs/2018-05/17/c_1122844380.htm。

② 《习近平十谈"绿色发展"：良好生态是最普惠的民生福祉》，人民日报客户端，2018 年 4 月 2 日，https://baijiahao.baidu.com/s?id=1596646527496154588&wfr=spider&for=pc。

调好与人民群众的关系，促进政治稳定和政治发展，推进新时代中国特色社会主义伟大事业。

二、形成绿色发展方式和生活方式的核心要义

推动形成绿色发展方式和生活方式，是发展理念和实践的一场深刻变革，对于建设美丽中国、实现中华民族永续发展意义重大。为推动形成绿色发展方式和生活方式更快、更好地实现，首要的是准确把握绿色发展方式和生活方式的核心要义。

（一）正确处理经济发展和生态环境保护的关系

发展是党执政兴国的第一要务。生态环境是关系党的使命宗旨的重大政治问题，也是关系民生的重大社会问题。如何处理好经济发展与环境保护的关系，实现两者的良性互动，是我国当前面临的现实课题。"推动形成绿色发展方式和生活方式，是发展观的一场深刻革命。这就要坚持和贯彻新发展理念，正确处理经济发展和生态环境保护的关系。"[1] 这为我国推动形成绿色发展方式和绿色生活方式指明了方向。

坚持绿色发展，就其要义来讲，是要走一条人与自然和谐共生的生态文明之路。生态文明是人类文明形态的重大革命，人类社会历经原始文明、农业文明、工业文明，现在到了迈向生态文明的新时代，生产方式的演进决定着人类社会文明形态的更替。近代工业革命始于英国，由此英国人让人类拥有了巨大的生产能力，正如马克思在《共产党宣言》中所说，"资产阶级在它的不到一百年的阶级统治中所创造的生产力，比过去一切世代创造的全部生产力还要多，还要大"[2]。这样一种生产方式由资本主导，以追求利润为唯一目的，非循环线性生产是其特征，即"原料—产品—废料"，原料来自自然界，

---

① 《推动形成绿色发展方式和生活方式　为人民群众创造良好生产生活环境》，《人民日报》2017年5月28日，第1版。

② 《马克思恩格斯文集》第2卷，人民出版社2009年版，第36页。

废料也抛给自然界，至于自然界是否能够源源不断地提供原料，生态环境是否能够消解废料，则不会成为单个资本家考虑的问题，这样的生产方式已经破坏了人与自然之间的能量循环和物质代谢。马克思曾指出资本主义会因为这种生产方式的内在矛盾而终结，"社会在它自己的而又无法加以利用的生产力和产品的重压下奄奄一息，面对着生产者没有什么可以消费是因为缺乏消费者这种荒谬的矛盾而束手无策"①。但20世纪20年代美国人所创造出的一种消费主义文化使消费成为社会的生活方式，"我们庞大而多产的经济要求我们使消费成为我们的生活方式，要求我们把购买和使用货物变成宗教仪式，要求我们从中寻找我们的精神满足和自我满足"②。这种文化暂时缓解了资本主义生产方式的内在矛盾，却也加剧了人与自然之间的矛盾，"全球资本主义已经造成了人类有史以来最为严重的生态与人道主义灾难"③。由此可见，由于当代生态危机的根源是资本主义制度及其生产方式，所以不改变工业文明下的生产方式就无法改变人与自然之间的关系。④纵观人类文明发展史，工业化进程创造了前所未有的物质财富，也产生了难以弥补的生态创伤。杀鸡取卵、竭泽而渔的发展方式走到了尽头，尊重自然、顺应自然、保护自然的绿色发展昭示着未来。

经济发展和环境保护是辩证统一的关系。唯物辩证法告诉我们，世界是辩证统一的。一切事物都与周围其他事物有着这样或那样的联系。世界是一个普遍联系的有机整体，没有一个事物是孤立存在的。这就要求我们用联系的、发展的观点看问题，不能用孤立、片面的观点看问题。2020年8月19日，习近平总书记在安徽省马鞍山市考察调研时就强调，"生态环境保护和经济发展不是矛盾对立的关系，而是辩证统一的关系"⑤。首先，两者的目的是统一的。

① 《马克思恩格斯文集》第3卷，人民出版社2009年版，第563页。

② ［美］艾伦·杜宁：《多少算够？——消费社会与地球的未来》，吉林人民出版社1997年版，第5页。

③ ［美］菲利普·克莱顿、贾斯廷·海因泽克：《有机马克思主义——生态灾难与资本主义的替代选择》，人民出版社2015年版，第2页。

④ 张美君：《生态文明建设视阈中绿色发展方式和生活方式论析》，《理论与现代化》2017年第5期。

⑤ 《坚持改革开放坚持高质量发展　在加快建设美好安徽上取得新的更大进展》，《人民日报》2020年8月22日，第1版。

人类的生存和发展既离不开必要的物质条件，也离不开良好的生态环境，二者都是为了满足人民的美好生活需要。其次，经济发展与环境保护相辅相成，是可以相互转化的。一方面，经济发展是搞好环境保护的前提。治理环境污染不可避免地需要强大的资金、技术和设备的支持，而这些支持则要靠发展经济来提供。经济不发展，治理环境污染资金不到位，以致缺乏强有力的后盾，那么环境保护也只能是心有余而力不足。另一方面，构成物质环境的生态资源约束并影响经济的发展。持续、有效的经济发展从某种程度上说就是对环境资源的合理利用，既满足了自身的发展需求，又对生态平衡、环境改善具有促进作用。而良好的生态环境能带来直接的经济效益，更能促进经济健康发展。正如习近平总书记强调的"绿水青山就是金山银山"理念。由此可见，只有正确处理好经济发展与环境保护之间的关系，寻找到二者之间的平衡点，才能从根本上实现我国社会主义市场经济的可持续发展，推动人类社会的进步。

由此，我们应当牢固树立绿水青山就是金山银山的理念，正确处理发展与环保的关系，坚持从经济发展与环境保护两个方面同时发力、相向而行，力争经过一个时期的努力，实现两者有机融合、良性互动。在认识和处理经济发展与环境保护的关系上，应把握好两个方向：

一是必须把生态文明建设摆在全局工作的突出地位。环境如水，发展似舟。我们应加大环境治理力度，加快生态绿化建设，坚决打赢蓝天、碧水、净土保卫战，为经济高质量发展提供更大空间。当前，碳达峰碳中和是我国生态文明建设整体布局的重要内容。我国经济韧性强，长期向好的基本面不会改变，但同时，我国经济发展面临需求收缩、供给冲击、预期转弱三重压力，世纪疫情冲击下，百年变局加速演进，外部环境更趋复杂严峻和不确定。尽管如此，2021年的中央经济工作会议仍特别提出需要正确认识和把握的五个重大理论和实践问题，其中包括要正确认识和把握碳达峰碳中和，特别强调，实现碳达峰碳中和是推动高质量发展的内在要求，要坚定不移推进，但不可能毕其功于一役。党的二十大报告提出了积极稳妥推进碳达峰碳中和的战略部署，明确指出，"实现碳达峰碳中和是一场广泛而深刻的经济社会系统性变革"①。应坚持系统思维、系统治理，统筹有序处理好发展和减排、整体和局部、短期和中长期的关系，处理好减污降碳与能源安全、产业链供应链安全等的关系。一方面，要加大环境治理力度，狠抓工业企业深度治理，对照标准制定工作方案，对标对表进行全面系统治理；切实加大对道路、工地扬尘的治理力度；通过建立生态环境监管正面清单制度，实施精准科学管控，提前研判、突出重点、积极应对；统筹山水林田湖草沙系统治理，实施重要生态系统保护和修复工程，实现天蓝、地绿、水净的良好生态。另一方面，当前，我国西部欠发达地区处于加速工业化城镇化的重要阶段，同时又是东部沿海等较发达地区产能转移的主要承接地，亟须处理好"双碳"目标与承接产能之间的平衡问题。对此，尽管产业基础相对薄弱，能耗等量和减量替代空间有限，但风、光、水电、生物质以及地能资源较为丰富的西部欠发达地区可抓住重要契机，根据地区特点科学合理地开发利用可再生能源，大力发展新能源产业，构建零碳或低碳能源体系，充分利用零碳能源承接产业转移、发展新兴产业，在创造新经济增长极、拉动地区经济增长的同时，为全国节能减排作出积极贡献。

二是高质量发展须是绿色、可持续的发展。习近平总书记指出，新时代要"坚持以人民为中心，牢固树立和践行绿水青山就是金山银山的理念，把建设美丽中国摆在强国建设、民族复兴的突出位置，推动城乡人居环境明显改善、美丽中国建设取得显著成效，以高品质生态环境支撑高质量发展"②。从内在联系来讲，"绿色""可持续""高质量"这三者之间是相互联系相互统一的整体，但又各有侧重点。首先，绿色发展，注重解决的是生态环境保护的问题、生态产业化的问题。这就需要补齐当前生态环境保护短板弱项，主要是打好各级环保督察反馈问题整改、防尘持久战、农村环境短板歼灭战等战役。此外，在保护好的基础上要与发展融合起来。2013 年，习近平总书记在海南省考察工作时指出，"经济发展不应是对资源和生态环境的竭

---

① 习近平：《高举中国特色社会主义伟大旗帜　为全面建设社会主义现代化国家而团结奋斗——在中国共产党第二十次全国代表大会上的报告》，人民出版社 2022 年版，第 51 页。

② 习近平：《以美丽中国建设全面推进人与自然和谐共生的现代化》，《求是》2024 年第 1 期。

泽而渔，生态环境保护也不应是舍弃经济发展的缘木求鱼，而是要坚持在发展中保护、在保护中发展"①。这就要求我们在经济发展、产业项目开发中，必须充分考虑资源环境承载能力，不能突破生态保护红线、环境质量底线、资源利用上线，并找准这个"平衡点"。其次，可持续发展，注重解决的是产业生态化的问题，以及发展与环境、资源、区域等方方面面不协调的问题。这要求我们积极应对内外部环境的复杂变化，经济、社会、文化、生态等领域都需充分体现"可持续"要求。比如，我们认真贯彻新发展理念，突出转型发展主攻方向，坚持一手抓改造升级传统产业、一手抓培育壮大新兴产业，推进产业结构调整，推进企业深度治理，就能有效减少企业污染排放，促进空气质量改善。当前，我国经济已由高速增长阶段转向高质量发展阶段，需要跨越一些常规性和非常规性关口。如果环保问题不解决，过不了环境保护这道关，经济发展也就无从谈起，我们必须咬紧牙关，爬过这个坡，迈过这道坎。从短期看，加强环境保护可能给一些地方的经济发展带来一定压力，但这种压力不是源于加大了环境保护的力度，而是源于这些地方的产业结构不合理、企业绿色发展的技术储备不足、推动环境保护的体制机制不完善等，是尚未建立起较为完善的绿色发展的体制机制的问题，是很多企业乃至产业的发展方式有待转变的问题，归根结底，是没有认识好、处理好经济发展与环境保护关系的问题。对此，习近平总书记强调："不能因为经济发展遇到一点困难，就开始动铺摊子上项目、以牺牲环境换取经济增长的念头，甚至想方设法突破生态保护红线。"②最后，高质量发展，注重解决的是发展不平衡不充分的问题，就是指要在绿色、可持续发展的基础上，我们还要把握好高质量发展这个主题主线，努力实现更高质量、更有效率、更加公平、更可持续、更为安全的发展。如，当前我们要积极探索生态产品价值实现机制，推动生产生活方式低碳化、绿色化等。

---

①　罗保铭：《坚定不移实践中国特色社会主义》，《人民日报》2013年8月30日，第12版。

②　孙秀艳、陈支援、许晴：《努力推动生态文明建设迈上新台阶》，《人民日报》2019年3月8日，第10版。

（二）开展全方位、全地域、全过程的生态环境保护

习近平总书记指出，"山水林田湖草是生命共同体""必须统筹兼顾、整体施策、多措并举，全方位、全地域、全过程开展生态文明建设"①。这是新时代推进生态文明建设必须坚持好的原则。"统筹山水林田湖草沙系统治理，这里要加一个'沙'字。"2021 年全国两会期间，习近平总书记在内蒙古代表团参加审议时再次强调。2022 年，这个"沙"字与"山水林田湖草"一起写入政府工作报告。一字之增，更是体现了我国坚定不移推进生态文明建设的决心。

如何整体谋划，让生态文明建设真正做到全方位、全地域、全过程？

首先要有科学的方法论，即用系统论的思想方法看问题。生态系统是一个统一的有机整体，是人类社会生存和发展的前提和基础。党的十八大以来，以习近平同志为核心的党中央紧紧围绕建设美丽中国不断深化生态文明体制改革、推动形成人与自然和谐发展的现代化治理体系和治理能力进行不懈的探索。早在 2013 年 11 月 12 日，习近平总书记在《关于〈中共中央关于全面深化改革若干重大问题的决定〉的说明》中指出："我们要认识到，山水林田湖是一个生命共同体，人的命脉在田，田的命脉在水，水的命脉在山，山的命脉在土，土的命脉在树。"②他接着指出："如果种树的只管种树、治水的只管治水、护田的单纯护田，很容易顾此失彼，最终造成生态的系统性破坏。"③之后，2014 年 3 月 14 日，习近平总书记在中央财经领导小组第五次会议上又深刻指出："全国绝大部分水资源涵养在山区、丘陵和高原，如果砍光了林木，山就变成了秃山，也就破坏了水，水就变成了洪水，洪水裹挟泥沙俱下，形成水土流失，地也就变成了不毛之地。"他同时指出："治水也要统筹自然生态的各要素，不能就水论水。要用系统论的思想方法看问题，生态系统是一个有机生命躯体，应该统筹治水和治山、治水和治林、治水和治田、治山和治

---

① 习近平：《推动我国生态文明建设迈上新台阶》，《求是》2019 年第 3 期。

② 中共中央文献研究室：《十八大以来重要文献选编》（上），中央文献出版社 2014 年版，第 507 页。

③ 中共中央文献研究室：《十八大以来重要文献选编》（上），中央文献出版社 2014 年版，第 507 页。

林等。"在党的十九大上，习近平总书记在"山水林田湖是一个生命共同体"的基础之上，又提出"统筹山水林田湖草系统治理"。2022年政府工作报告将总书记提到的"沙"字写进去，要求"统筹山水林田湖草沙系统治理"，这个完整的生态系统理念不仅彰显了持续推进生态环境治理的决心，更说明生态环境保护进入了"高水平"阶段。党的二十大报告也再次强调要坚持坚持山水林田湖草沙一体化保护和系统治理。这种全新的人融于自然、自然优先于人类的科学论断是马克思主义人与自然观新的理论境界，它促使人类重新审视占据工业文明数百年历程的"人类中心主义"自然观，成为当代中国生态文明建设的理论基础，显示出巨大的理论魅力。从系统维度看，山水林田湖草沙之间是互为依存又相互激发活力的复杂关系，并有机地构成一个生命共同体，它们之间通过相互作用达到一个相对稳定的平衡状态。山水林田湖草沙系统治理，应该统筹治水和治山、治水和治林、治水和治田、治山和治林、治草和治沙等。

全方位开展生态文明建设。第一，生态系统是一个庞杂交织的有机体。自然界各元素、社会结构、社会生活的方方面面，会牵一发而动全身。推动形成绿色发展方式和生活方式，需要整体谋划、统筹兼顾、多措并举。绿色发展方式会涉及生产方式、产业结构、空间格局、能源布局的绿色化；绿色生活方式会涉及生活方式、消费方式、生态意识、文明习惯等的绿色化。推动形成绿色生产方式和生活方式，重点要推进产业结构、能源布局和消费方式的绿色转型，将生态文明的原则、理念和目标融入人民群众生活的方方面面。这不仅要建构法律规章制度，建立共治绿色体系，而且要注重全社会价值观念、文化习俗等的全面融合，将绿色发展理念全方位贯彻到政治、经济、文化、社会和生态各领域。第二，要按照"山水林田湖草沙"系统治理思路推进海陆空立体化全方位建设，推进打通"地上和地下""岸上和岸下""陆地和海洋""城市和农村"以及生态文明建设中的"肠梗阻"等，形成一体化全方位建设。

全地域开展生态文明建设。一是加强生态文明建设城乡一体化、东西部区域发展一体化建设。我国各地自然地理条件、经济社会发展水平、面临的生态环境问题不尽相同。当前，我国经济社会发展不平衡不充分的问题也比较突出。因此，要加强对全部国土空间主体功能区建设，特别是重视生态红线概念对全地域建设生态文明的作用，如在确保全地域统筹山水林田湖草沙系统治理的前提下，充分考虑当地自然条件、本土物种、适用技术等，宜林则林，宜草则草，宜农则农，避免大拆大建、"水泥森林"及"伪生态、真破坏"等。二是把握地域性特征，因地制宜加强对山水林田湖草沙的建设和保护。2021 年 1 月 1 日零时起，长江流域重点水域 10 年禁渔计划全面启动。这是史无前例的大规模生态保护和恢复计划，共计退捕上岸渔船 11.1 万艘、涉及渔民 23.1 万人。类似这样通过发展生态修复绿色技术，对草原、森林、湿地、海洋、河流、沙漠等所有自然生态系统以及自然保护区、森林公园、地质公园等所有保护区域实施科学有效的综合治理，让资源环境逐步休养生息。

全过程开展生态文明建设。党的十八大报告中就明确指出，生态文明建设要"融入经济建设、政治建设、文化建设、社会建设各方面和全过程，努力建设美丽中国，实现中华民族永续发展"[1]。这就要求我们要把握整体性特征，科学认识生态系统交互过程与机理，将生态文明建设融入经济、政治、文化和社会建设的各方面，采取有力措施推动生态文明建设在重点突破中实现整体推进。我们既要做好资源环境等方面相对独立的工作，更要在物质文明、政治文明、精神文明各层面，在经济建设、政治建设、文化建设、社会建设各领域进行全面转变、深刻变革，把生态文明的理念、原则、目标等深刻融入和全面贯穿到中国特色社会主义事业的各方面和现代化建设的全过程，推动形成人与自然和谐发展的现代化建设新格局。如今，生态环境保护已成为普遍自觉。可以看到，只有把生态文明建设融入经济社会发展全过程，才是真正的科学发展，才能建设美丽中国，才能实现中华民族的永续发展。

---

[1] 胡锦涛：《坚定不移沿着中国特色社会主义道路前进　为全面建成小康社会而奋斗》，《人民日报》2012 年 11 月 18 日，第 1 版。

（三）走绿色低碳循环发展之路

绿色发展既是一种发展理念，也是一种发展方式。习近平总书记指出："建立健全绿色低碳循环发展经济体系、促进经济社会发展全面绿色转型是解决我国生态环境问题的基础之策。"[①] 党的十八大以来的实践成效充分证明，坚定绿色循环低碳发展之路，推动绿色、低碳、循环、可持续的生产生活方式，已成为我国走新型工业化道路、调整优化经济结构、转变经济发展方式的重要动力，成为推动中国走向富强的有力支撑。

以坚定绿色发展推动人与自然的和谐发展。科学发展理念是理性反思时代问题得出的科学结论。绿色发展既是一种发展理念，也是一种发展方式。由于一直以来我国粗放型发展方式所带来的资源环境承载力不仅已逼近极限，而且造成了雾霾、水体污染、土壤重金属超标等突出环境问题。高投入、高消耗、高污染的传统发展方式已不可持续，传统单纯依靠刺激政策和政府对经济大规模直接干预的增长，只治标、不治本。而绿色发展以人与自然和谐为价值取向，以绿色低碳循环为主要原则，以生态文明建设为基本抓手，促进发展模式从低成本要素投入、高生态环境代价的粗放模式向创新发展和绿色发展双轮驱动模式转变，能源资源利用从低效率、高排放向高效、绿色、安全转型，推进绿色发展、绿色富国。因此，应当充分认识形成绿色发展方式和生活方式是调整经济结构、转变发展方式、实现可持续发展的必然要求和必然选择，把推动形成绿色发展方式和生活方式摆在更加突出的位置。绿色发展理念的提出，体现了我们党对我国经济社会发展阶段性特征的科学把握。2022 年，低碳能源、低碳场馆、低碳交通、林业固碳构成了北京冬奥的最大亮点。首次全部场馆使用 100% 绿色电能、首次采用二氧化碳制冰技术、首次实现场馆热能再利用、首次完成"水冰转换"的"双奥场馆"建设……我国以生动实践兑现了"绿色办奥"的庄严承诺。2022 年 5 月，中共中央办公厅、国务院办公厅印发的《关于推进社会信用体系建设高质量发展促进形成新发展格局的意见》中指出，要完善生态环保信用制度。这就表明生态环保信用

---

① 习近平：《努力建设人与自然和谐共生的现代化》，《求是》2022 年第 11 期。

正式成为社会信用体系建设的重要组成部分。它推动了信用体系与绿色发展相互促进，进一步完善了绿色金融标准体系及评价机制，将更好助力我国现代化经济体系高质量建设和发展，为我国实现碳达峰、碳中和目标发挥积极作用。

以坚定循环发展推动经济社会持续健康协调发展。如何才能维持经济社会可持续发展？实践证明，促进经济可持续发展的前提条件就是要打破资源约束瓶颈，开创全新发展空间，推进资源的全面节约和循环利用，降低能耗、物耗。因此，节约资源是保护生态环境的根本之策。而节约资源关键在推动资源利用方式的转变，也就是要通过大力发展循环经济，促进生产、流通、消费过程的减量化、再利用、资源化，从而降低能耗、物耗，实现生产生活系统循环链接。我们必须坚持转变经济发展模式，把循环发展作为生产生活方式绿色化的基本途径。绿色低碳循环发展是当今时代科技革命和产业变革的方向，是最有前途的发展领域；节能环保产业是方兴未艾的朝阳产业，我国在这方面潜力巨大，可以形成很多新的经济增长点，如应当形成减少落后产能的导向，坚持协同创新，开展循环经济技术、产品、人才、信息等领域的对接、交流、合作，推进钢铁、煤炭、化工等工业行业以及农村养殖业、旅游业、秸秆处置业等废渣、废水、废气的综合利用，不断激发循环发展新动能。一旦节能环保产业实现快速发展，循环经济将进一步推进，产业集群绿色升级进程也将进一步加快。通过绿色、智慧技术的加速扩散和应用，推动绿色制造业和绿色服务业兴起。2021 年 7 月，《“十四五”循环经济发展规划》正式出炉。“十四五”期间，我国将通过三大重点任务、五大重点工程和六大重点行动大力发展循环经济，构建起资源循环型产业体系和废旧物资循环利用体系，推动“十四五”循环经济发展取得新的更大成效。

以坚定低碳发展推动经济高质量发展。一段时间以来，随着我国产业结构调整力度的不断加大，一批落后产能被淘汰，能源强度和碳排放量双双下降，工业余热供暖、低碳城市试点等也取得明显成效。我国以低碳发展开启了新的经济增长方式。2012 年以来我国能源绿色低碳转型取得重要进展。我国可再生能源装机规模突破 10 亿千瓦，水电、风电、太阳能发电、生物质发电装机均位居世界第一，清洁能源消费占比从 14.5% 提升到 25.5%，煤炭的清洁高效利用成效显著，煤电超低排放机组规模超过 10 亿千瓦，能效和排放水平全球领先。我国以年均 3% 的能源消费增速支撑了年均 6.5% 的经济增长，能耗强度累计下降 26.2%，相当于少用 14 亿吨标准煤，少排放 29.4 亿吨的二氧化碳，单位 GDP 二氧化碳排放强度的下降超额完成了自主贡献目标，节能减排成效显著。由此可见，低碳发展重塑了我国的经济，实现了经济更高质量、更高效益的发展，也为我们继续走好低碳发展之路积累了经验。但是低碳发展永远在路上。自 2020 年提出"双碳"目标以来，我们已经完成了碳达峰、碳中和的顶层设计，碳达峰、碳中和工作扎实有序推进，实现了良好开局。2021 年 2 月，国务院印发《关于加快建立健全绿色低碳循环发展经济体系的指导意见》，为实现碳达峰目标、碳中和做出了系统性安排，如大力推动风电、光伏、水能、氢能等可再生能源发展，同时要"严控新增煤电装机容量"，以煤炭减量的决心和以碳中和愿景倒逼能源行业转型升级。党的二十大对碳达峰、碳中和工作高度重视，明确强调要"立足我国能源资源禀赋，坚持先立后破，有计划分步骤实施碳达峰行动。完善能源消耗总量和强度调控，重点控制化石能源消费，逐步转向碳排放总量和强度'双控'制度。推动能源清洁低碳高效利用，推进工业、建筑、交通等领域清洁低碳转型。深入推进能源革命，加强煤炭清洁高效利用，加大油气资源勘探开发和增储上产力度，加快规划建设新型能源体系，统筹水电开发和生态保护，积极安全有序发展核电，加强能源产供储销体系建设，确保能源安全。完善碳排放统计核算制度，健全碳排放权市场交易制度。提升生态系统碳汇能力。积极参与应对气候变化全球治理"[1]。这为我国充分发挥政策杠杆作用和市场对碳排放空间资源的配置作用，全面推进低碳产品、低碳技术、低碳能源、低碳产业的发展和工业、建筑、交通、公共机构等领域的节能、降碳、减排，以此推动国民经济向绿色低碳转型，推动经济又好又快发展提供了根本遵循。

当然，建立健全绿色低碳循环发展经济体系具有较强的宏观性和战略性，

---

① 习近平：《高举中国特色社会主义伟大旗帜　为全面建设社会主义现代化国家而团结奋斗——在中国共产党第二十次全国代表大会上的报告》，人民出版社 2022 年版，第 51—52 页。

是一项长期性、艰巨性任务。该体系涵盖绿色经济、低碳经济与循环经济，但不是三者的简单叠加，而是一种有助于统筹三者关系、促进其协同发展的综合性概念。在新时代，其内涵可以概括为："以资源节约、环境友好为导向，以绿色技术创新为驱动，以绿色低碳循环的产业体系为核心，统筹推动绿色低碳循环的产业发展、技术创新、产品供给、基础设施建设、市场培育与商业模式创新，在保持经济高质量发展，带来新的增长机遇和就业机会的同时，降低资源消耗、生态破坏、环境污染和气候变化代价，最终实现经济增长、资源安全、生态环境安全、应对气候变化等多重目标的经济体系。"[1]

辩证看待我国的生态现状，健全贯彻绿色发展理念的经济体系任重道远。当前，我国经济正处于转型升级、提质增效的关键期，我国绿色生产生活方式尚未根本形成，实现碳达峰、碳中和任务艰巨，能源资源利用效率不高，生态环境治理成效尚不稳固，生态环境质量与人民群众的要求还有不小的差距，绿色技术总体水平不高，推动绿色发展的政策制度有待完善。因此，应进一步加快建立健全绿色低碳循环发展经济体系的步伐，深入践行人与自然是生命共同体理念，培育绿色新动能，促进经济复苏。

为此，2017 年，国务院印发《循环发展引领行动》。2021 年国务院下发的《关于加快建立健全绿色低碳循环发展经济体系的指导意见》又提出建立健全绿色低碳循环发展经济体系将分"两步走"。一是到 2025 年，产业结构、能源结构、运输结构明显优化，绿色产业比重显著提升，基础设施绿色化水平不断提高，清洁生产水平持续提高，生产生活方式绿色转型成效显著，能源资源配置更加合理、利用效率大幅提高，主要污染物排放总量持续减少，碳排放强度明显降低，生态环境持续改善，市场导向的绿色技术创新体系更加完善，法律法规政策体系更加有效，绿色低碳循环发展的生产体系、流通体系、消费体系初步形成。二是到 2035 年，绿色发展内生动力显著增强，绿色产业规模迈上新台阶，重点行业、重点产品能源资源利用效率达到国际先进水平，广泛形成绿色生产生活方式，碳排放达峰后稳中有降，生态环境根

---

[1] 黄宝荣：《建立健全绿色低碳循环发展经济体系》，《经济日报》2020 年 8 月 21 日，第 5 版。

本好转，美丽中国建设目标基本实现。这不仅是对绿色低碳发展目标的全面落实与推动，而且实现了在推动绿色低碳发展中解决生态环境问题，对于加快推动"十四五"绿色低碳发展，促进经济社会发展全面绿色转型，建设人与自然和谐共生的现代化具有重要意义。

（四）积极倡导和培育绿色生活方式

绿色生活方式是绿色发展重要的实践途径，是生态文明建设的重要内容。由于它体现了我们每个人对绿色发展理念的认同度、践行力，因此，积极倡导和培育绿色生活方式，对绿色发展和生态文明的最终实现具有基础意义、关键作用。

绿色生活方式，与我们每个人的生活息息相关。从狭义上讲，是指人们日常生活活动的方式和形式，如在衣、食、住、行、游等方面遵循勤俭节约、绿色低碳、文明健康要求的生活方式；从广义上讲，是指一种按照社会生活生态化的要求，培育支持生态系统的生产能力和生活能力，在劳动方式、精神文化生活方式、社会交往方式和家庭生活方式等方面创建出的有利于生态环境和子孙后代可持续发展的环保型的生活方式。绿色生活方式要求人们充分尊重生态环境，重视环境卫生，确立新的生存观和幸福观，倡导绿色消费，以达到资源永续利用、实现人类世世代代身心健康和全面发展的目的。

倡导简约适度、绿色低碳的现代文明生活方式。减少不必要的资源消费，是实现资源节约进而保护生态环境的关键性、决定性措施。建设生态文明，不仅需要国家从宏观层面推广科技含量高、资源消耗低、环境污染少的生产方式，而且需要公众自下而上形成绿色生活新理念，在日常生活中主动为节约资源、保护环境努力。习近平总书记指出："倡导简约适度、绿色低碳的生活方式，反对奢侈浪费和不合理消费，开展创建节约型机关、绿色家庭、绿色学校、绿色社区和绿色出行等行动。"① 在实际生活中，如果我国 14 亿多人

① 习近平：《决胜全面建成小康社会　夺取新时代中国特色社会主义伟大胜利》，《人民日报》2017年10月28日，第1版。

民每个人都能节约一滴水、一度电，少开一天车，多种一棵树，不仅意味着对其他人提供了获取更大消费福利的可能性，而且意味着对自然损害的减少，累加起来就会取得显著的资源节约和环境改善成效。但如今，随着人们物质生活水平的不断提高，铺张浪费现象也越来越严重。粮食浪费、白天开灯、自来水龙头不及时关闭等不正常现象让人触目惊心。迎接绿色生活时代，每个人都应该做践行者、推动者，自觉参与到推动资源节约型、环境友好型社会建设中来。要从消费端发力，既要推广绿色服装、提倡绿色饮食、推行"光盘行动"、鼓励绿色居住、普及绿色出行、发展绿色旅游，养成自然、环保、节俭、健康的生活方式；又要抵制和反对各种形式的奢侈浪费和不合理消费，要禁止"过度包装"、治理快递垃圾等。

推动形成绿色生活方式是一项长期复杂的系统工程，不仅需要人们从理念上认识其重要性和必要性，同时需要从政府政策导向、法律保障制度、文化自觉机制等方面多管齐下，其举措主要有以下几个方面：

一是要提供便利居民绿色行为的外部条件，形成建立绿色生产和消费的政策导向。要提高全社会自然环保、节俭健康的自觉性和自信心，需要把强烈的群众意愿化为具体的政策措施。当前的核心工作是通过政府引导提供更多优质生态产品，以调整影响行为的外部情境因素。一方面，可以加快资源开发利用，不断满足人民群众日益增长的优美生态环境需要，如提供便利的公共交通设施；另一方面，引导、推广绿色消费，以更快形成绿色生活方式，如采取减免税收、财政补贴、绿色信贷、政府采购等措施，鼓励和引导企业生产与提供更多的绿色产品和服务。比如，近年来，宁波大力倡导绿色出行，全力建设"公交都市"。如今，宁波清洁能源公交车比例已达到53%以上。路上冒黑烟的公交车越来越少了，水清了、天蓝了、城美了，空气质量更好了。最可喜的是，现在宁波市民也更愿意选择公共交通、公共自行车出行了。

二是要完善法律制度，健全政策体系，构建行为激励与约束机制，高层次、系统化推动形成绿色低碳生活方式。要进一步加大法律约束力度，用最严格的制度、最严密的法治保护生态环境，把发展绿色经济的社会共识转变成法律意志。从顶层设计、制度源头上按照生态文明体制改革总体方案要求，深入探索资源总量管理和全面节约制度、资源有偿使用和生态补偿制度、生态文明绩效评价考核和责任追究制度等有利于形成绿色生活方式的制度体系，相应修改能源立法、污染防治、治理立法等以适应不断变化的社会环境。既将生态系统保护修复的要求作为生态产业发展的前提，又将生态旅游、生态农业等生态产业发展的需求融入生态保护修复工程，同步规划、同步设计、同步实施，实现经济效益、社会效益与生态效益的共赢。加大执法力度的制度设计后，更重要的是落实。在全社会营造良好的法治环境，建立以科学理念为指导、以行为规范为准则、以法律制度为支撑的高层次、系统化的绿色发展方式和生活方式。当前，各地都出台政策措施，对相关方面作出规定。2022年5月，广西出台《广西制定关于完整准确全面贯彻新发展理念做好碳达峰碳中和工作的实施意见》，在"完善政策机制"部分，从"完善投资政策""积极发展绿色金融""完善财税价格政策""推进市场化机制建设"等方面积极发挥政府引导作用。与此同时，成都印发了《成都市优化产业结构促进城市绿色低碳发展行动方案》《成都市优化产业结构促进城市绿色低碳发展政策措施》，围绕壮大绿色低碳优势产业、推动制造业高质量发展、发展现代服务业、加快发展数字经济、优化产业空间布局，不仅提出了19项重点任务，而且提出支持市属国有企业与央企等建立100亿元绿色低碳产业基金等支持碳中和服务业加快发展的具体办法。

三是要加强生态文明宣传教育，强化公民环境意识。思想是行动的先导，理念是实践的指南。倡导简约适度、绿色低碳的生活方式，首先需要在思想观念上来一次破旧立新，树立新的价值观、生活观和消费观。"健全以生态价值观念为准则的生态文化体系，培育生态文明主流价值观，加快形成全民生态自觉。"[1]要把珍惜生态、保护资源、爱护环境等内容纳入国民教育和培训体系。要善于运用全媒体的宣传教育方式。可以通过电视、报纸、杂志、图书等各种媒体报道方式，以及网络舆论引导方式，积极引导居民掌握垃圾分类、资源循环利用和保护自然环境等知识，大力宣传节约光荣、浪费可耻的观念。

---

① 《中共中央国务院关于全面推进美丽中国建设的意见》，《人民日报》2024年1月12日，第1版。

例如，广播电视循环播放"手把手教你垃圾分类""零浪费的厨房智慧"等节目，不断号召民众为减少垃圾而努力。也可以通过电视剧、影片等艺术表现形式，展示大到购买节能与新能源汽车、高能效家电、节水型器具等节能环保产品，小到减少使用塑料购物袋、餐盒等一次性用品，以至随手关灯、拧紧水龙头，引导全社会牢固树立绿色发展的强烈意识，推动全社会形成绿色消费文化和生活方式。将生态文明文化引导纳入群众性精神文明创建活动，提高人民群众维护公众利益和生态环境的自觉性和责任感，形成全社会共同参与的良好风尚。在重庆，认真贯彻落实《"美丽中国，我是行动者"提升公民生态文明意识行动计划（2021—2025 年）》，他们以人民为中心，将群众的监督和举报作为发现生态环境问题线索的金矿；依托社会资源，大力发挥志愿者作用；用"讲故事"的方式宣讲等一系列行动如火如荼，极大地提升了社会满意度，使得生态文明和美丽中国建设需要全社会共同参与的共识深深扎根在了巴渝大地上。这就构建起环境治理全民行动体系，筑起以政府为主导、企业为主体、社会组织和公众共同参与的环境治理体系。

三、加快推动绿色低碳发展，为人民群众创造良好的生产生活环境

绿色发展是理念，更是实践；需要坐而谋，更需起而行。习近平总书记指出："坚持把绿色低碳发展作为解决生态环境问题的治本之策，加快形成绿色生产方式和生活方式，厚植高质量发展的绿色底色。"[①] 当前，我国已经进入"十四五"时期的新发展阶段，开启全面建设社会主义现代化国家新征程，这就要求我们要在推动形成绿色发展方式和生活方式上抓紧落实、持续发力、步步为营、久久为功。党的十九届五中全会审议通过的《中共中央关于制定国民经济和社会发展第十四个五年规划和二〇三五年远景目标的建议》，把"加快推动绿色低碳发展"纳入新发展阶段的发展蓝图中，为我们不断提高贯

---

① 习近平：《以美丽中国建设全面推进人与自然和谐共生的现代化》，《求是》2024 年第 1 期。

彻新发展理念的自觉性和构建新发展格局水平指明了前进方向、提供了根本遵循。

（一）绿色低碳发展是推动生态文明建设实现新进步的重要途径

绿色低碳发展是生态文明理念的基本内涵，也是践行新发展理念、实现生态文明的主要途径之一。2020 年 9 月 22 日，习近平主席在第七十五届联合国大会一般性辩论上指出，"中国将提高国家自主贡献力度，采取更加有力的政策和措施，二氧化碳排放力争于 2030 年前达到峰值，努力争取 2060 年前实现碳中和"[①]。如期实现碳达峰、碳中和的目标及愿景，就需要我们加快推动绿色低碳发展，对能源体系以及社会经济运行方式进行深刻变革。

绿色低碳发展体现了辩证的生态自然观。环境与发展的关系是人类社会文明进程中的永恒课题。可以说，人类的文明史就是人类在发展进程中探索如何正确处理环境与发展关系的历史。进入工业文明以来，随着地球资源的日益紧缺、环境问题的不断出现以及社会矛盾的加剧，如何实现环境资源的可持续利用、实现经济社会与人类自身的良性健康发展，已成为一个全球性的重大问题。如何处理环境与发展的关系，决定着人类文明的方向。当前，全球发展正处于深刻的调整期，在全球新冠肺炎蔓延、世界经济复苏动力不足、国际金融危机影响犹存的情况下，无论是发达国家还是发展中国家，都在拓展新的发展空间，寻找新的增长动力。与此同时，气候变化、环境污染、生态退化等环境问题凸显，成为威胁各国经济安全、能源安全甚至国家安全的严峻挑战。加快转型升级，推进绿色循环低碳发展，就成为各国竞相培育的新的经济增长点。而对于我国，在人口众多的基本国情下，主要资源的人均占有量大多低于世界平均水平，且分布不均。要想我国经济总量能在世界第二位的基础上继续增长，粗放式发展模式加剧资源约束趋紧、环境污染严重、生态系统退化等问题，必然成为制约发展质量提升、实现可持续发展的

---

① 习近平：《在第七十五届联合国大会一般性辩论上的讲话》，《人民日报》2020 年 9 月 23 日，第 3 版。

瓶颈。中华文明历来崇尚天人合一、道法自然，追求人与自然和谐共生。实现绿色低碳循环发展，推进能源革命，以及加快能源技术创新，推进传统制造业绿色改造，就是我国破解发展困局，谋求经济发展与生态环境改善双赢的必然选择。

绿色低碳发展体现了中国共产党的人民立场。多年的经济高速增长为人们积累了大量的物质财富，然而与此同时，人们却仍"不够幸福"，因为空气、水和土壤等受到了不同程度的污染。党的十八大以来，以习近平同志为核心的党中央十分关注生态文明问题，深刻认识到生态环境对人民健康与幸福的重要性，作出了诸多以人民为中心的绿色低碳发展论述："环境就是民生，青山就是美丽，蓝天也是幸福"[①] "绿水青山是人民幸福生活的重要内容，是金钱不能代替的。你挣到了钱，但空气、饮用水都不合格，哪有什么幸福可言"[②] "绿水青山不仅是金山银山，也是人民群众健康的重要保障"[③] 等。习近平总书记深刻认识到良好生态环境对人民的"普惠性"，提出"良好生态环境是最公平的公共产品，是最普惠的民生福祉"[④]，不断强调要努力保障人民的"环境权利"，通过"绿色城市""美丽乡村""生态示范城"建设，"把城市放在大自然中，把绿水青山保留给城市居民"[⑤]，让人们幸福地生活在"天蓝、地绿、水净"的"绿色家园"中。此外，习近平总书记还提出用"生态补偿"的方法[⑥]保障人民的"环境权利"，实现"可持续发展"与"永续发展"这一具有代际

---

① 岳富荣、卫庶、张志锋：《环境就是民生 蓝天也是幸福》，《人民日报》2015年3月9日，第13版。

② 中共中央文献研究室：《习近平关于社会主义生态文明建设论述摘编》，中央文献出版社2017年版，第4页。

③ 中共中央文献研究室：《习近平关于社会主义生态文明建设论述摘编》，中央文献出版社2017年版，第90页。

④ 罗保铭：《坚定不移实践中国特色社会主义》，《人民日报》2013年8月30日，第12版。

⑤ 2013年12月12日至13日中央城镇化工作会议在北京举行。会议要求，尽快把每个城市特别是特大城市开发边界划定，把城市放在大自然中，把绿水青山保留给城市居民。

⑥ 中共中央政治局于2013年7月30日下午就建设海洋强国研究进行第八次集体学习时，习近平指出，要从源头上有效控制陆源污染物入海排放，加快建立海洋生态补偿和生态损害赔偿制度，开展海洋修复工程，推进海洋自然保护区建设。

生态正义维度的目标。如今，我国经济发展的基本特征，就是由高速增长阶段转向高质量发展阶段。高质量发展是能够很好满足人民日益增长的美好生活需要的发展，绿色低碳发展是高质量发展的题中之义。通过绿色低碳发展，我们不仅可以为当代人保护环境，更能实现为子孙后代留下"生存根基""自然遗产""一片碧海蓝天"。

绿色低碳发展体现了全球绿色转型的中国担当。2021年1月25日，习近平主席在世界经济论坛"达沃斯议程"对话会上的特别致辞中指出，"我已经宣布，中国力争于2030年前二氧化碳排放达到峰值、2060年前实现碳中和。实现这个目标，中国需要付出极其艰巨的努力。我们认为，只要是对全人类有益的事情，中国就应该义不容辞地做，并且做好"。2021年4月16日，习近平主席在中法德领导人视频峰会上再次指出："这意味着中国作为世界上最大的发展中国家，将完成全球最高碳排放强度降幅，用全球历史上最短的时间实现从碳达峰到碳中和。这无疑将是一场硬仗。中方言必行，行必果，我们将碳达峰、碳中和纳入生态文明建设整体布局，全面推行绿色低碳循环经济发展。"[1]强调把碳达峰、碳中和纳入生态文明建设整体布局，"十四五"时期严控煤炭消费增长；正式接受《〈蒙特利尔议定书〉基加利修正案》，加强非二氧化碳温室气体管控；启动全国碳市场上线交易……2021年以来，从顶层设计到具体措施，中国以实实在在的行动践行绿色发展承诺，给世界以重要激励与启迪。正如习近平总书记所指出的，中国承诺实现从碳达峰到碳中和的过渡期时间是30年，远远短于发达国家。同时，中国仍是发展中国家，能源结构依然是以高碳的化石能源为主，降碳减排既是气候问题也是发展问题，需统筹考虑能源安全、经济增长、社会民生等诸多因素。相较于发达国家，中国的碳达峰、碳中和之路注定挑战更多、压力更甚。这是一场广泛而深刻的经济社会变革，绝不是轻轻松松就能实现的。这场硬仗是对党治国理政能力的一场大考。而中国实施全面绿色转型行动，这份抓铁有痕的担当勇气，是中国对全球应对气候变化贡献的中国方案和中国智慧。

---

[1] 《习近平同法国德国领导人举行视频峰会》，《人民日报》2021年4月17日，第1版。

（二）加快建立健全绿色低碳循环发展经济体系

绿色低碳发展迫在眉睫，这既是一场艰难的挑战，也是一条充满机遇的赛道。低碳发展并不是为了低碳而放弃发展，而是要实现更高质量、更可持续的发展。当前，要加快推动绿色低碳发展，促进经济社会全面绿色转型，实现生态环境质量改善由量变到质变，应从以下几个方面着手开展工作：

第一，要建立健全绿色低碳循环发展经济体系。经济产业体系是物质文明发展程度的集中反映，也是人与自然关系状况的集中体现。从国际趋势看，发展低碳经济和循环经济、实现绿色复苏，已经成为世界潮流。新冠肺炎疫情暴发后，各国也在呼吁推动疫情后世界经济"绿色复苏"。2019 年 12 月欧盟委员会发布《欧洲绿色协议》，2020 年 3 月欧盟再次发布新版循环经济行动计划。就我国而言，改革开放后，我国经济建设成就非凡，但也面临着前所未有的资源环境问题和挑战。因此，建立健全绿色低碳循环发展产业体系，促进经济社会发展全面绿色转型，是我国促进生态文明建设、构建现代化经济体系和实现高质量发展的必由之路。2021 年初，国务院印发了《关于加快建立健全绿色低碳循环发展经济体系的指导意见》，这是中国特色社会主义新时代构建绿色低碳循环发展经济体系的顶层设计文件，更是我国加快推进经济发展方式转型的纲领性文件，对"十四五"时期加快推进生态文明建设、落实碳达峰碳中和目标、2035 年建成美丽中国和基本实现社会主义现代化具有重要意义。其所提出的要全方位全过程推行绿色规划、绿色设计、绿色投资、绿色建设、绿色生产、绿色流通、绿色生活、绿色消费，使发展建立在高效利用资源、严格保护生态环境、有效控制温室气体排放的基础上，统筹推进高质量发展和高水平保护等内容为产业体系转型升级实现绿色循环低碳发展指明了方向。2022 年，山西、山东、天津、辽宁、福建等一大批省市都制定出台有关建立健全绿色低碳循环发展经济体系的具体方案和措施，以着力通过构建生产体系、流通体系、消费体系、基础设施、技术创新体系、政策制度体系等六大体系的绿色低碳循环发展，确保实现碳达峰、碳中和目标。

第二，要加快构建约束和激励并举的生态文明制度体系。建设生态文明，是一场涉及生产方式、生活方式、思维方式和价值观念的革命性变革。法律制度以其特有的规范性、概括性、普遍性和强制性发挥着其他手段或措施所不具有的作用，成为生态文明建设的有力武器。生态文明制度体系的特点是产权清晰、多元参与、约束和激励并举、系统完整。只有依靠制度的约束机制和激励机制并举，才能实现与经济效益和社会效益的有机结合，才能真正形成绿色发展方式和生活方式。习近平总书记多次强调，只有实行最严格的制度、最严密的法治，才能为生态文明建设提供可靠保障。当前，我国高度重视生态文明制度体系建设，并取得了一系列进展。党的十八届三中全会要求加快建立系统完整的生态文明制度体系。党的十八届四中全会提出用最严格的法律制度保护生态环境。党的十八届五中全会确立了包括绿色在内的新发展理念，提出完善生态文明制度体系。党的十九大报告指出，加快生态文明体制改革，建设美丽中国。党的十九届四中全会将生态文明制度建设作为中国特色社会主义制度建设的重要内容和不可分割的有机组成部分作出重要部署，从实行最严格的生态环境保护制度、全面建立资源高效利用制度、健全生态保护和修复制度、严明生态环境保护责任制度等四个方面，提出了坚持和完善生态文明制度体系的努力方向和重点任务。党的二十大进一步对全面实行排污许可制，健全现代环境治理体系；深化集体林权制度改革；推行草原森林河流湖泊湿地休养生息，实施好长江十年禁渔，健全耕地休耕轮作制度；建立生态产品价值实现机制，完善生态保护补偿制度；完善能源消耗总量和强度调控，重点控制化石能源消费，逐步转向碳排放总量和强度"双控"制度等方面作出部署。这都为我们加快健全以生态环境治理体系和治理能力现代化为保障的生态文明制度体系提供了方向指引和基本遵循。2021年7月16日，备受瞩目的全国碳市场正式开始上线交易，中国成为全球体量最大的碳交易市场。后续还将纳入火电、钢铁、有色、建材、石油、化工、交通、建筑和造纸等高耗能、高排放和高污染行业。碳市场通过总量控制、碳价格机制形成具有约束和激励作用的市场体系，进而构建约束和激励并举的生态文明制度体系、绿色循环低碳发展的产业体系和政府企业公众共治的绿色行动体系，推动企业绿色转型升级，实现温室气体减排目标。此外，《国务院关于加快建立健全绿色低碳循环发展经济体系的指导意见》中提出了在"强化法律法规支撑""健全绿色收费价格机制""加大财税扶持力度""大力发展绿色金融""完善绿色标准、绿色认证体系和统计监测制度""培育绿色交易市场机制"等六个方面建立健全法律法规政策体系的实施办法。2021 年 7 月，在由国家发展改革委印发的《关于"十四五"循环经济发展规划的通知》中也专门就"健全循环经济法律法规标准""完善循环经济统计评价体系""加强财税金融政策支持""强化行业监管"等"政策保障"提出指导性意见。由此可见，我们不失时机地继续深化生态文明体制和制度改革，更好地保障了人与自然和谐共生。

第三，要加快构建政府企业公众共治的绿色行动体系。首先，政府形成绿色领导方式。政府是环境监管主体，也是公共服务的主要提供者。对内，政府应当首先顺应绿色经济时代，从绿色发展理念出发，形成绿色领导思维，大力加强绿色发展能力建设，把绿色发展落实到经济社会发展的各项事业之中，如在宣传工作中，政府应引导各类新闻媒体讲好我国绿色低碳循环发展故事，大力宣传取得的显著成就，积极宣扬先进典型，适时曝光破坏生态、污染环境、严重浪费资源和违规乱上高污染、高耗能项目等方面的负面典型，为绿色低碳循环发展营造良好氛围；对外，政府要注重加强与世界各个国家和地区在绿色低碳循环发展领域的政策沟通、技术交流、项目合作、人才培训等，积极参与和引领全球气候治理，切实提高我国推动国际绿色低碳循环发展的能力和水平。其次，企业形成绿色发展方式。企业是市场经济的主体，其生产方式对环境的影响最直接，影响程度也最大。大力发挥市场手段的作用，通过加快建设完善碳排放权市场、水权市场、碳汇市场等，引导各类企业和资本参与环境治理。企业应当以可持续发展为己任，加快传统产业转型升级，如推进工业绿色升级，加快农业绿色发展，提高服务业绿色发展水平，壮大绿色环保产业，提升产业园区和产业集群循环化水平，构建绿色供应链。通过积极开发生态工业、生态农业、生态旅游、健康服务等生态产业新的经济增长点，走出一条经济效益、生态效益与社会效益和谐统一的绿色发展之路。最后，公众形成绿色生活方式。保护生态环境，推进绿色发展，人人有责。

人民群众应当起到助力、监督和正确鼓励企业的（环保）制度的作用。应当深入开展绿色低碳生活方式创建活动，大力发展公共交通，积极开发绿色建筑，广泛开展节约型机关、绿色社区等的创建活动。在建设人与自然共生的现代化新征程中，让人人养成绿色低碳的生活习惯，让良好生态环境成为人民群众美好生活的增长点、成为经济社会持续健康发展的支撑点。

（三）高质量完成六项重点任务

在十八届中央政治局第四十一次集体学习时，习近平总书记就推动形成绿色发展方式和生活方式提出六项重点任务，即加快转变经济发展方式、加大环境污染综合治理、加快推进生态保护修复、全面促进资源节约集约利用、倡导推广绿色消费、完善生态文明制度体系。

第一，要加快转变经济发展方式。推动高质量发展是遵循经济发展规律、保持经济持续健康发展的必然要求，是适应我国社会主要矛盾变化和全面建设社会主义现代化国家的必然要求。党的二十大报告指出："推动经济社会发展绿色化、低碳化是实现高质量发展的关键环节。"[①] 当前，我国经济已由高速增长阶段转向高质量发展阶段，正处在转变发展方式、优化经济结构、转换增长动力的攻关期。然而，世界经济正处于下行区间，突如其来的新冠疫情对我国经济社会发展带来了前所未有的冲击。尽管在抗击疫情的严峻斗争中，我国经济经受住了"压力测试"，展现出巨大韧性，没有动摇我国长期稳定发展的坚实基础，但我们仍要观大势、谋全局，准确识变、科学应变、主动求变，善于从眼前的危机和挑战中抢抓和创造机遇，如在应对疫情的同时，催生并推动许多新产业新业态快速发展，牢牢把握发展主动权，为我国加快科技发展、推动产业优化升级带来了新的机遇。在《中共中央关于制定国民经济和社会发展第十四个五年规划和二〇三五年远景目标的建议》中指出，"十四五"时期除了要"发展战略性新兴产业"，如加快壮大新一代信息技术、生物技术、

---

① 习近平：《高举中国特色社会主义伟大旗帜　为全面建设社会主义现代化国家而团结奋斗——在中国共产党第二十次全国代表大会上的报告》，人民出版社 2022 年版，第 50 页。

新能源、新材料、高端装备、新能源汽车、绿色环保以及航空航天、海洋装备等产业，还要推动互联网、大数据、人工智能等同各产业深度融合，推动先进制造业集群发展，构建一批各具特色、优势互补、结构合理的战略性新兴产业增长引擎，培育新技术、新产品、新业态、新模式，要促进平台经济、共享经济健康发展。

第二，要加大环境污染综合治理。党的十八大以来，党中央把环境保护摆到更加重要的位置，治理进程明显加快，生态文明建设取得新进展。但由于历史积累的环境问题较多，污染排放量大、环境风险高的生态环境状况还没有根本扭转。因此，持续打好污染防治攻坚战将是我国一项长期的环境保护战略。党的二十大报告指出：要"深入推进环境污染防治。"[1] 在甘肃兰州，为持续改善环境空气质量，不断推进"兰州蓝"由浅蓝向深蓝迈进，兰州市积极推进产业、能源、运输、用地四大结构调整优化，以工业污染、燃煤污染、机动车尾气污染、面源污染等四大污染源为防控重点，加强城乡区域联防联控，全面深入开展严管、严查、严控，努力做到"三个协同"（即大气污染防治与温室气体减排相协同、PM2.5 与 O_3 污染防治相协同、NO_x 与 VOCs 减排相协同）。以精细管控低空面源污染为例，兰州持续落实周通报、月调度制度，强化网格化监管，充分发挥大数据监管平台、航拍取证等科技手段作用，精细化监管扬尘污染源、餐饮油烟污染、"四烧"等面源污染，健全问题转办整改闭合回路，科学精准管控低空面源污染。截至 2022 年 5 月 12 日，兰州市环境空气质量优良天数 101 天，优良天数比例 76.5%，同比增加 4 天，未出现人为因素导致的重度及以上污染天气。由此可见，打好"十四五"污染防治攻坚战应坚持问题导向，加快跨区域、跨流域的协同污染治理，重点解决大气、水、土壤污染等突出问题，更加突出精准治污、科学治污、依法治污，以生态保护监督与污染防治监督并重，统筹推进污染防治与生态保护。党的二十大报告指出，"坚持精准治污、科学治污、依法治污，持续深入打好蓝天、

---

[1] 习近平：《高举中国特色社会主义伟大旗帜　为全面建设社会主义现代化国家而团结奋斗——在中国共产党第二十次全国代表大会上的报告》，人民出版社 2022 年版，第 50 页。

碧水、净土保卫战。加强污染物协同控制，基本消除重污染天气。统筹水资源、水环境、水生态治理，推动重要江河湖库生态保护治理，基本消除城市黑臭水体。加强土壤污染源头防控，开展新污染物治理。"① 此外，在生活上，要倡导人民群众厉行节约，坚决制止餐饮浪费行为。因地制宜推进生活垃圾分类和减量化、资源化，开展宣传、培训和成效评估。扎实推进塑料污染全链条治理。推进过度包装治理，推动生产经营者遵守限制商品过度包装的强制性标准。提升交通系统智能化水平，积极引导绿色出行。深入开展爱国卫生运动，整治环境脏乱差，打造宜居生活环境。

第三，要加快推进生态保护修复。党的二十大报告指出，"以国家重点生态功能区、生态保护红线、自然保护地等为重点，加快实施重要生态系统保护和修复重大工程"②。要坚持保护优先、自然恢复为主，深入实施山水林田湖草沙一体化生态保护和修复，开展大规模国土绿化行动，加快水土流失和荒漠化石漠化综合治理。"随着大规模国土绿化行动的持续推进，不毛之地变成绿洲，黄土高坡披上绿装，中国成为全球森林资源增长最多和人工造林面积最大的国家。截至 2020 年底，全国森林覆盖率达到 23.04%，草原综合植被覆盖度达到 56.1%，湿地保护率达到 50% 以上。"③高强度水土流失占比明显下降，黄土高原、京津冀、三峡库区、丹江口库区及上游、东北黑土区、西南石漠化地区等重点区域水土流失严重的状况得到根本好转。"十四五"时期，生态保护修复工作还应从以下四个方面展开：一是划定并严守生态保护红线，守住自然生态安全边界。当前，我国生态环境问题难度大，空气、水、土污染新老问题并存，生态环境退化趋势尚未得到根本遏制，资源环境承受的巨大压力没有减少。可以说，"三大红线"都面临非常大的压力，弹性空间极为有限，对此必须头脑清醒，随时随地保持高度紧迫感。习近平总书记在十八届中央

① 习近平：《高举中国特色社会主义伟大旗帜　为全面建设社会主义现代化国家而团结奋斗——在中国共产党第二十次全国代表大会上的报告》，人民出版社 2022 年版，第 50—51 页。

② 习近平：《高举中国特色社会主义伟大旗帜　为全面建设社会主义现代化国家而团结奋斗——在中国共产党第二十次全国代表大会上的报告》，人民出版社 2022 年版，第 51 页。

③ 新华社记者：《建设永续发展的美好家园》，《求是》2022 年第 11 期。

政治局第六次集体学习时指出，"要精心研究和论证，究竟哪些要列入生态红线，如何从制度上保障生态红线"①。党的十八届三中全会通过的《中共中央关于全面深化改革若干重大问题的决定》明确提出，要加快生态文明制度建设，用制度保护生态环境。其中，关于划定生态保护红线的部署和要求是生态文明建设的重大制度创新。在十八届中央政治局第四十一次集体学习中，习近平总书记指出，"加快构建生态功能保障基线、环境质量安全底线、自然资源利用上线三大红线，全方位、全地域、全过程开展生态环境保护建设"②。应当看到，近年来通过制度创新，围绕"三大红线"，我国生态文明建设顶层设计不断加强。比如，国土空间是宝贵资源，是我们赖以生存和发展的家园。我国地域辽阔，但各地区的自然条件、开发程度、人口密集度等各不相同，资源承载力和生态环境容量不同，经济结构调整的方向和目标也不相同。通过整体谋划新时代国土空间开发保护格局，综合考虑人口分布、经济布局、国土利用、生态环境保护等因素，科学布局生产空间、生活空间、生态空间，建立起全国统一、责权清晰、科学高效的国土空间规划体系，不仅可以守住红线，而且是加快形成绿色生产方式和生活方式、推进生态文明建设的重要举措，是保证我国可持续发展，保障国家战略有效实施的必然要求。二是构建以国家公园为主体的自然保护地体系，形成中国特色生态保护方式和制度。三是推动山水林田湖草沙一体化保护修复，实施生物多样性保护重大工程。治理水土流失是一道世界性难题。山水相连，林草相伴，田土相依，千头万绪，何处发力？这就需要各地区各部门通过坚持系统治理、科学治理，统筹推进保水土、保安全、保生态，走一条符合我国国情、符合自然规律的水土流失治理之路。四是尽快建立科学可行的生态系统综合评价体系。开展定期评估工作，以及时掌握全国及重点区域生态环境状况、变化趋势和存在的主要问题，找出生态环境变化及问题出现的主要原因，提出保护对策与建议。

---

① 中共中央文献研究室：《习近平关于社会主义生态文明建设论述摘编》，中央文献出版社 2017 年版，第 99 页。

② 《推动形成绿色发展方式和生活方式 为人民群众创造良好生产生活环境》，《人民日报》2017年 5 月 28 日，第 1 版。

　　第四，要全面促进资源节约集约利用。生态环境问题，归根结底是资源过度开发、粗放利用、奢侈消费造成的。资源开发利用既要支撑当代人过上幸福生活，也要为子孙后代留下生存根基。要树立节约集约循环利用的资源观，用最少的资源环境代价取得最大的经济社会效益。"十四五"时期，我们仍必须坚持绿水青山就是金山银山的理念，通过健全自然资源资产产权制度和法律法规、加强自然资源调查评价监测和确权登记、建立生态产品价值实现机制、完善资源价格形成机制、坚持最严格的耕地保护和节约用地制度等措施，完善市场化、多元化生态补偿机制，推进资源总量管理、科学配置、全面节约、循环利用。还值得一提的是，当前在各大中城市开展的垃圾分类工作。一方面，通过推行垃圾分类和减量化、资源化，推动餐厨废弃物、建筑垃圾、包装废弃物等资源化利用和无害化处置；另一方面，加强生活垃圾分类回收与再生资源回收体系的有机衔接，推进生产和生活系统循环链接，因地制宜推动工业生产过程协同处理生活废弃物，从而共同构建起废旧物资循环利用体系。

　　第五，要倡导推广绿色消费。绿色消费的推广，将为改善生态环境、实现高质量可持续发展提供重要内生动能。"十四五"时期，一是要加强生态文明宣传教育，提升全社会绿色消费意识，促进绿色产品消费。二是要按照供给侧与需求侧共同发力、激励约束并举的原则，构建起政府企业消费者共建共治共享绿色消费政策体系，具体包括《国务院关于加快建立健全绿色低碳循环发展经济体系的指导意见》中所指出的，"加大政府绿色采购力度，扩大绿色产品采购范围，逐步将绿色采购制度扩展至国有企业。加强对企业和居民采购绿色产品的引导，鼓励地方采取补贴、积分奖励等方式促进绿色消费。推动电商平台设立绿色产品销售专区。加强绿色产品和服务认证管理，完善认证机构信用监管机制。推广绿色电力证书交易，引领全社会提升绿色电力消费。严厉打击虚标绿色产品行为，有关行政处罚等信息纳入国家企业信用信息公示系统"[①] 等。通过将衣食住行用游作为推动绿色消费的重点领域，发

---

① 《国务院关于加快建立健全绿色低碳循环发展经济体系的指导意见》，中华人民共和国中央人民政府网，2021 年 2 月 22 日，http://www.gov.cn/zhengce/content/2021−02/22/content_5588274.htm。

行绿色消费券以及加强促进绿色消费的基础设施和能力建设等绿色消费产品供给的大幅增加，激励绿色低碳节约的消费模式和生活方式的形成。2022 年1 月18 日，国家发改委等七部门联袂出台的重磅《促进绿色消费实施方案》涉及普通老百姓衣食住行的方方面面，给绿色消费提供了较为切实可行的制度性框架，其中尤其引人注目的是，探索实施全国绿色消费积分制度，鼓励地方结合实际建立本地绿色消费积分制度，以兑换商品、折扣优惠等方式鼓励绿色消费，这不仅有利于推动绿色消费，也能让公众从绿色消费过程中得到实惠，尝到"甜头"。

第六，要完善生态文明制度体系。建设生态文明是一场涉及生产方式、生活方式、思维方式和价值观念的革命性变革，必须坚持和完善生态文明制度体系，用最严格的制度、最严密的法治保护生态环境。2019 年，党的十九届四中全会提出要"坚持和完善生态文明制度体系，促进人与自然和谐共生"①，由此，与国家治理体系与治理能力现代化的整体目标相适应，生态环境保护治理领域也必须尽快实现自身的专业化和法治化，这也构成了我国新时期推进生态文明建设的首要任务。党的十九届五中全会则进一步对此作出了阶段性目标规定，提出了贯彻落实路径意义上的明确要求。"十四五"期间，应在生态环境保护治理领域中，进一步建立、完善和严厉执行生态环境保护制度、资源高效利用制度、生态保护和修复制度、生态环境保护责任制度，着力推进治理体系与治理能力现代化。当前，各地正通过不同方式完善生态文明制度体系，如深圳以形成"森林入城、城在林中"的城市格局为目标，落实城市林业发展战略，以全面推行林长制作为完善生态文明制度体系的重要举措。而在厦门，则以持续深化国家生态文明试验区建设为契机，推动生态文明制度体系不断完善。

（四）落实领导干部任期生态文明建设责任制

办好中国的事情关键在党，党的工作能否让人民满意关键在领导干部。

---

① 《中共十九届四中全会在京举行》，《人民日报》2019 年11 月1 日，第1 版。

习近平总书记在主持十八届中央政治局第六次集体学习时就曾指出，"对那些不顾生态环境盲目决策、造成严重后果的人，必须追究其责任、而且应该终身追究。真抓就要这样抓，否则就会流于形式"①。在十八届中央政治局第四十一次集体学习时，他再次强调，"生态环境保护能否落到实处，关键在领导干部"②。

习近平总书记为什么把领导干部作为落实的"关键"呢？这个"关键"体现在哪里？

在整个社会群体中，领导干部作为环保事业和生态文明建设的重要组织者、推动者、决策者，对生态环境负有重大责任。实践中，一些重大生态环境事件背后，都有领导干部不负责任、不作为的问题。有的是因为一些地方领导干部环保意识不强。一些地方领导干部还没有牢固树立起科学的发展观和政绩观，仍然存在重当前利益轻长远利益、重经济增长轻环境保护、重地方政绩轻百姓需要等错误认识，甚至不惜用大好的绿水青山去换取金山银山。有的是因为一些地方领导干部履职不到位。一方面是因为在部分领导干部的思想认识里，生态治理是一个长期过程，很难在自己的任期内见到成效，不愿去做前人栽树、后人乘凉的工作；另一方面是因为生态治理是一场涉及生产方式、生活方式和思想观念的重大变革，需要下大力气去谋划、动真格去推进，会触动多方面利益，因此一些领导干部不愿干、不敢干。还有的是因为一些地方领导干部执行不严格的问题，一些地方环保部门执法监督作用发挥不到位、强制力不够的问题。这和他们的环保意识强不强，环境守法观念牢不牢，能不能坚持依法保护环境紧密联系。由此可见，生态环境问题主要是人祸，是人的不当行为造成的。

其实，说到底，这是相关领导干部缺乏责任意识和政治担当的表现。生态文明建设是政治责任。什么是政治？2014 年 12 月 31 日，习近平总书记在

① 中共中央文献研究室：《习近平关于社会主义生态文明建设论述摘编》，中央文献出版社 2017 年版，第 100 页。

② 《推动形成绿色发展方式和生活方式　为人民群众创造良好生产生活环境》，《人民日报》2017 年 5 月 28 日，第 1 版。

全国政协新年茶话会上一针见血地指出："问题是时代的声音，人心是最大的政治。"① 如今，中国特色社会主义已进入新时代，社会主要矛盾已经转化为人民日益增长的美好生活需要和不平衡不充分的发展之间的矛盾。绿水青山就是主政者肩上的扁担，绿水青山就是芸芸众生的期盼，绿水青山就是交给子孙后代的优质资产。人民对美好生活的向往，就是我们奋斗的目标。2013年5月24日，习近平总书记在中央政治局第六次集体学习时指出，"生态环境保护是功在当代、利在千秋的事业。要清醒认识保护生态环境、治理环境污染的紧迫性和艰巨性，清醒认识加强生态文明建设的重要性和必要性，以对人民群众、对子孙后代高度负责的态度和责任，真正下决心把环境污染治理好、把生态环境建设好，努力走向社会主义生态文明新时代，为人民创造良好生产生活环境"②。2015年，被专家称为"史上最严"的新环保法实施，中央生态环境保护督察制度也正式建立，设立统一规范的国家生态文明试验区，目前已在四省设立运行；2017年，"污染防治"被确定为三大攻坚战之一；2018年，新的生态环境部组建运转……这些都需要各级领导干部保持战略定力，切实担负起政治责任，从党和国家事业发展全局出发，切实把生态文明建设摆在全局工作的突出地位，下大气力扭转在快速发展中积累的大量生态环境问题，推动形成绿色发展方式和生活方式。只有坚决摒弃损害生态环境的发展模式，才能尽快补齐我国生态环境突出短板，让绿色成为发展的最美底色，实现天更蓝、地更绿、水更清的目标。

针对一些领导干部不负责任、不作为，一些地方环保意识不强、履职不到位、执行不严格，以及有关部门执法监督作用发挥不到位、强制力不够等问题，习近平总书记已经开出药方："要落实领导干部任期生态文明建设责任制，实行自然资源资产离任审计"③ "要针对决策、执行、监管中的责任，明确

① 习近平：《在全国政协新年茶话会上的讲话》，《人民日报》2015年1月1日，第2版。

② 《坚持节约资源和保护环境基本国策　努力走向社会主义生态文明新时代》，《人民日报》2013年5月25日，第1版。

③ 《推动形成绿色发展方式和生活方式　为人民群众创造良好生产生活环境》，《人民日报》2017年5月28日，第1版。

各级领导干部责任追究情形。对造成生态环境损害负有责任的领导干部，不论是否已调离、提拔或者退休，都必须严肃追责"①。2015 年 4 月出台的《中共中央　国务院关于加快推进生态文明建设的意见》中指出："建立领导干部任期生态文明建设责任制，完善节能减排目标责任考核及问责制度。"②2022年 4 月 21 日，中央全面深化改革委员会第二十五次会议正式审议通过了《关于建立健全领导干部自然资源资产离任审计评价指标体系的意见》。这是贯彻落实党中央关于加快推进生态文明建设要求的具体体现，是中央关于生态文明建设战略部署的又一重大成果。

　　实行严厉的责任追究制度，而且是终身追责，是生态文明制度体系不可或缺的重要环节。在十八届中央政治局第六次集体学习时，习近平总书记指出，"在生态环境保护问题上，就是要不能越雷池一步，否则就应该受到惩罚"。在十八届中央政治局第四十一次集体学习时，他再次强调，"推动绿色发展，建设生态文明，重在建章立制，用最严格的制度、最严密的法治保护生态环境"。这些都表明我们党在生态保护红线问题上的责任感和使命感。2017 年 7 月，中办、国办就甘肃祁连山国家级自然保护区生态环境问题发出通报，直指当地存在的违法违规开矿、水电设施违建、偷排偷放、整改不力等行为。随后，100 余名党政干部因祁连山生态环境破坏问题被问责。"史上最严"问责风暴的雷霆一掌，也给河西走廊各市县乃至整个甘肃带来了一场发展的革命。如今，历经"最严整改"，祁连山生态保护实现"由乱到治，大见成效"，不仅成为生态环境科学修复治理的"活教材"，更是践行习近平经济思想、让新发展理念真正落地生根开花的一个生动样本。只有严格实行责任追究，才能迅速见到成效。同时以最严格的制度、最严密的法治为守住生态红线、建设生态文明提供可靠保障。当前，按照党中央关于生态文明建设的战略部署和政策安排，我们党制定了"党政同责""一岗双责"的制度。"党政同责"是指无论是党委系统还是政府系统都要承担起生态文明建设和治理

---

① 中共中央文献研究室：《习近平关于社会主义生态文明建设论述摘编》，中央文献出版社 2017 年版，第 111 页。

② 《中共中央　国务院关于加快推进生态文明建设的意见》，《人民日报》2015 年 5 月 6 日，第 1 版。

的责任。"一岗双责"是指无论什么岗位上的干部在做好本职工作的同时，都要承担起生态文明建设和治理的责任。为了有效治理江河湖海，我国相继推出了河长制和湖长制，明确由各级党政主要领导担任河长和湖长。要实行自然资源资产离任审计，认真贯彻依法依规、客观公正、科学认定、权责一致、终身追究的原则，明确各级领导干部责任追究情形。对造成生态环境损害负有责任的领导干部，必须严肃追责。终身追责实际上加大了生态保护、资源消耗、环境损耗等指标的权重，以此倒逼领导干部转变政绩观和发展观，在生态环保、污染防治上真抓实干，通过一级抓一级、一级带一级、层层抓落实，确保生态环境保护政策落实落细。追究是为了负责。只有干部树立起强烈的生态意识、环保意识、责任意识，才能保护好生态。各级党委和政府必须切实重视、加强领导，纪检监察机关、组织部门和政府有关监管部门要各尽其责、形成合力。

除了要落实责任追究制度，还应继续科学优化政绩考评体系。从祁连山生态破坏问题，到腾格里沙漠污染问题、青海湖污染问题，一些领导干部为什么说起来环保很重要，喊起来口号很响亮，做起来却挂空挡、搞虚的，并没有担负起"关键"的责任，说到底还是扭曲的政绩观在作怪。事实上，从中央到地方，环保已经成为显性政绩。2013 年 5 月，习近平总书记指出："再也不能以国内生产总值增长率来论英雄了，一定要把生态环境放在经济社会发展评价体系的突出位置。如果生态环境指标很差，一个地方一个部门的表面成绩再好看也不行，不说一票否决，但这一票一定要占很大的权重""最重要的是要完善经济社会发展考核评价体系，把资源消耗、环境损害、生态效益等体现生态文明建设状况的指标纳入经济社会发展评价体系，建立体现生态文明要求的目标体系、考核办法、奖惩机制。"[1] 由此，在加强生态文明考核问责和责任追究制度的基础上，尽快将生态文明方面的指数和指标引入考核评价当中。2016 年 12 月，中共中央办公厅、国务院办公厅印发了《生态文明

---

[1] 中共中央文献研究室：《习近平关于社会主义生态文明建设论述摘编》，中央文献出版社 2017 年版，第 99 页。

建设目标评价考核办法》，这一制度是推进生态文明建设的重要导向和约束。当前，一些学者提出了"生态系统生产总值"（GEP）的概念和核算方法。为了推动实现生态产品的价值，有必要将 GEP 引入考核和评价体系，促进广大党政干部形成正确的政绩观。当然，从党内制度法规的角度推进生态文明建设，还有很大的创新空间。我们要一方面通过创新党内制度法规来推动生态文明制度创新和体制改革；另一方面要切实树立正确的政绩观，真正转变发展理念，真正认识到经济发展同生态环境保护并不矛盾，下决心走绿色发展之路。

第 四 章

以系统思维抓生态建设，促进人与自然和谐共生

大自然是一个相互依存、相互影响的系统。人与自然的和谐共生同样也是一个系统工程。建设生态文明是关系人民福祉、关乎民族未来的大计，是实现中华民族伟大复兴的中国梦的重要内容。习近平总书记指出："要从生态系统整体性和流域系统性出发，追根溯源、系统治疗，防止头痛医头、脚痛医脚。"①我们必须按照系统思维，抓好生态文明建设重点任务的落实，切实把能源资源保障好，把环境污染治理好，把生态环境建设好，为促进人与自然和谐共生创造良好生产生活环境。

一、着力解决突出环境问题，持续改善环境质量

在快速发展过程中积累的生态环境问题，不仅成为我国经济社会建设的明显短板，而且"各类环境污染呈高发态势成为民生之患、民生之痛"②。生态文明建设是一个系统工程，既要整体推进，又要重点突破。党的十九届五中全会通过的《中共中央关于制定国民经济和社会发展第十四个五年规划和二〇三五年远景目标的建议》紧盯环境保护重点领域、关键问题和薄弱环节，在十九大报告提出加强大气、水、土壤等污染治理的重点任务和举措的基础上，再次提出持续改善环境质量。党的二十大报告明确指出："深入推进环境污染防治。坚持精准治污、科学治污、依法治污，持续深入打好蓝天、碧水、净土保卫战。"③《中共中央国务院关于全面推进美丽中国建设的意见》为我们

---

① 《习近平谈治国理政》第四卷，外文出版社 2022 年版，第 358 页。

② 习近平：《在省部级主要领导干部学习贯彻党的十八届五中全会精神专题研讨班上的讲话》，人民出版社 2016 年版，第 18 页。

③ 习近平：《高举中国特色社会主义伟大旗帜　为全面建设社会主义现代化国家而团结奋斗——在中国共产党第二十次全国代表大会上的报告》，人民出版社 2022 年版，第 50 页。

明确了未来方向，"锚定美丽中国建设目标，坚持精准治污、科学治污、依法治污，根据经济社会高质量发展的新需求、人民群众对生态环境改善的新期待，加大对突出生态环境问题集中解决力度，加快推动生态环境质量改善从量变到质变。'十四五'深入攻坚，实现生态环境持续改善；'十五五'巩固拓展，实现生态环境全面改善；'十六五'整体提升，实现生态环境根本好转。"①这是党中央深刻把握我国生态文明建设及生态环境保护形势，着眼美丽中国建设目标，立足满足人民日益增长的美好生活需要作出的重大战略部署。

（一）实施大气污染防治行动，打赢蓝天保卫战

蓝天白云是民生之福，环境污染是民生之痛。习近平总书记指出："蓝天保卫战是攻坚战的重中之重。"②2017 年 12 月召开的中央经济工作会议要求，打好污染防治攻坚战，要使主要污染物排放总量大幅减少，生态环境质量总体改善，重点是打赢蓝天保卫战。"打好蓝天保卫战"，指向的是我们要注重战役中的每一个步伐，确保步步为营、扎实推进；"打赢蓝天保卫战"，意味着我们更看重这场战役的结果，必须全力以赴，攻坚克难，保证取得成功，让人民乐享蓝天。从"打好"到"打赢"，一字之差却有质变，既反映了党中央治理大气污染的坚定决心，也是对人民群众的庄严承诺。

蓝天保卫战是一场大仗、硬仗、苦仗，绝不是吹响冲锋号、打几个冲锋，就能大功告成的。污染排放、气象条件和区域传输，是三大影响因素；远超环境承载力的污染排放强度，是大气重污染形成的主因；工业、机动车、燃煤、扬尘，是四大污染源；有机物、硝酸盐、硫酸盐、铵盐，是 PM2.5 四大组成成分……为此，2018 年 7 月 3 日，国务院公开发布《打赢蓝天保卫战三年行动计划》，总体思路是"四个四"，包括：紧紧扭住"四个重点"，即重点区域（京津冀及其周边、长三角和汾渭平原）、重点防控污染因子（PM2.5）、重点时段（秋冬季和初春）、重点行业和领域（钢铁、火电、建材等行业以及"散乱污"

---

① 《中共中央国务院关于全面推进美丽中国建设的意见》，《人民日报》2024 年 1 月 12 日，第 1 版。

② 习近平：《以美丽中国建设全面推进人与自然和谐共生的现代化》，《求是》2024 年第 1 期。

企业、散煤、柴油货车、扬尘治理等领域）；优化"四大结构"，即优化产业结构、能源结构、运输结构和用地结构；强化"四项支撑"，即强化环保执法督察、区域联防联控、科技创新和宣传引导；实现"四个明显"，即进一步明显降低 PM2.5 浓度，明显减少重污染天数，明显改善大气环境质量，明显增强人民的蓝天幸福感。为实现计划，我国开展了一系列大刀阔斧甚至说是壮士断腕的治理活动，这其中包括调整能源结构，调整产业结构，调整运输结构等，此外，针对工业污染问题，加大了对工业污染的治理力度。可喜的是，如今，不论是细颗粒物还是氮氧化物，抑或是二氧化硫等，我国都取得了显著的成就。2020 年，中国 337 个地级及以上城市平均优良天数比例为 87.0%，同比上升 5.0 个百分点；初步核算，单位国内生产总值二氧化碳排放比 2015 年下降 18.8%。2021 年 2 月 25 日，生态环境部举行例行新闻发布，宣布《打赢蓝天保卫战三年行动计划》圆满收官。以重点地区京津冀及其周边地区中的北京为例，在 2013 年前后，其大气污染客观来讲是比较严重的，但"十三五"以来，北京以强有力的措施和力度治理大气污染，空气质量改善取得历史性突破。2020 年，PM2.5 年均浓度首次降至"30+"，为 38 微克 / 立方米，非常接近国家标准，也成为治理成效最凸显的城市之一，被纳入联合国环境署"实践案例"，为全球其他城市提供了借鉴。

　　解决人民群众反映强烈的突出环境问题，既要有问题意识，也要有效果导向，必须以看得见的成效取信于民。重污染天数是当前人民群众最关心的大气问题之一。围绕蓝天保卫战三年行动计划，我国已制定出台《大气环境质量改善攻坚方案》《打赢蓝天保卫战行动计划方案》等指导性文件，细化实施质量控制目标分解，倒逼各地对标对表抓好推进落实。2021 年 11 月 7 日，《中共中央　国务院关于深入打好污染防治攻坚战的意见》发布，要求到 2025 年，实现单位国内生产总值二氧化碳排放比 2020 年下降 18%、地级及以上城市细颗粒物（PM2.5）浓度下降 10%、空气质量优良天数比率达到 87.5%、重污染天气基本消除等目标。为贯彻落实该文件精神，各省纷纷立足自身实际，推动大气生态环境持续改善。如，江苏：全省细颗粒物浓度达到 30 微克 / 立方米左右，优良天数比率达到 82% 以上；四川：全省细颗粒物浓度较国家核定基数（33.3 微克 / 立方米）下降 11.4%，优良天数比率达到 92%；河南：细颗粒物平均浓度达到 42.5 微克 / 立方米，优良天数比率达到 71% 以上。各地通过科学制定"十四五"时期重污染天数下降指标，严格考核，并根据各地重污染天气的不同成因下达不同目标，减少人为因素造成的重污染天气。如京津冀及其周边地区重污染天气治理卓有成效，其治本措施主要是产业、能源、交通结构调整；东北地区需要把秸秆综合利用率提上来，西北地区要加强产业布局调整。由此可见，大气污染治理并不仅仅是简单增加污染治理设施，而是要涉及社会生产和消费结构的绿色转型，需要调整产业结构、能源结构、运输结构。如，化石能源消费占比高、体量巨大，是造成空气污染的主要原因，也是温室气体排放的主要来源，因此，减少大气污染物排放也是减少碳排放的措施。"十四五"时期，仍要以"减污降碳协同增效"为总抓手，把降碳作为源头治理的"牛鼻子"，在推动结构性节能、遏制"两高"行业扩张、助推非化石能源发展等方面"同向发力"。确保"到 2027 年，全国细颗粒物平均浓度下降到 28 微克 / 立方米以下，各地级及以上城市力争达标；到 2035 年，全国细颗粒物浓度下降到 25 微克 / 立方米以下，实现空气常新、蓝天常在"[①]。

（二）加快水污染防治，打赢碧水保卫战

一方晴天，一潭碧水，这是宜居生态的底线。水污染已成为生命健康头上的达摩克利斯之剑。在我国，部分区域流域污染仍然较重，重点湖库富营养化问题突出，城市黑臭水体大量存在。截至 2016 年，我国地下水监测点位水质较差或极差的占 60%。2013 年 6 月 25 日，中国疾控中心专家团队长期研究的成果《淮河流域水环境与消化道肿瘤死亡图集》数字版问世，该成果首次证实了癌症高发与水污染的直接关系。由此，在污染防治攻坚战中，碧水保卫战是必须啃下的一块硬骨头。坚决向水污染宣战，是解决损害群众健康突出环境问题的必然选择，是推进生态文明建设的迫切需要。

---

① 《中共中央国务院关于全面推进美丽中国建设的意见》，《人民日报》2024 年 1 月 12 日，第 1 版。

水环境保护事关人民群众切身利益。习近平总书记指出："碧水保卫战要促进'人水和谐'。"① 党的十八大以来，党中央着眼党和国家发展全局，顺应人民群众对美好生活的期待作出一系列重大战略部署。2015 年 4 月 16 日，国务院正式印发《水污染防治行动计划》（也简称为"水十条"），包括 10 条、35 款、76 项、238 个具体措施，一扫生态环保领域的沉疴积弊，全面打响了水污染防治攻坚战。党的十九大提出到 2035 年"生态环境根本好转，美丽中国目标基本实现"及到 21 世纪中叶把我国建设成"富强民主文明和谐美丽的社会主义现代化强国"的奋斗目标，并明确"加快水污染防治，实施流域环境和近岸海域综合治理"等任务要求。党的二十大报告明确指出："统筹水资源、水环境、水生态治理，推动重要江河湖库生态保护治理，基本消除城市黑臭水体。"② 近年来，生态环境部与 31 个省（区、市）人民政府签订水污染防治目标责任书，会同相关部门建立了全国水污染防治工作协作机制，推动京津冀及其周边地区、长三角、珠三角分别建立水污染防治联动协作机制。为狠抓落实，多地也加快出台包括河长制在内的水污染防治攻坚路线图，党政同责、一岗双责的治理格局基本建立。包括陕西、上海、广东等地则加强对水污染防治的考核和督查，如上海印发了《上海市水污染防治行动计划实施方案考核规定（试行）》。随着长江保护修复、渤海综合治理、水源地保护、城市黑臭水体治理、农业农村污染治理等标志性战役全面推进，随着河长制、湖长制在全国推开，如今，地级及以上城市（不含州、盟）2914 个黑臭水体消除比例达到 98.2%，长江流域、渤海入海河流劣 V 类国控断面全部消劣，长江干流历史性地实现全 Ⅱ 类水体。2020 年 1—12 月，全国地表水优良水质断面比例达到 83.4%。可以说，碧水保卫战取得重要进展，百姓身边清水绿岸、鱼翔浅底的景象明显增多。

然而，不容忽视的是，目前水环境治理方面还存在诸多痛点。比如，重厂轻网，污水收集系统效率低下，进水浓度低。河水、地下水、山泉水等和

---

① 习近平：《以美丽中国建设全面推进人与自然和谐共生的现代化》，《求是》2024 年第 1 期。

② 习近平：《高举中国特色社会主义伟大旗帜 为全面建设社会主义现代化国家而团结奋斗——在中国共产党第二十次全国代表大会上的报告》，人民出版社 2022 年版，第 50—51 页。

污水混在一起，一起进入了污水处理厂，不仅弱化了污水管网的收集能力和污水处理厂的处理能力，还浪费了地方政府大量的污水处理费用。再比如，排水体制混乱。黑臭水体的罪魁祸首在于没有控制的合流制污水雨天溢流，导致水污染。更让人遗憾的是，一些地方及部门对当地母亲河、母亲湖保护和治理不力现象仍然存在。2020 年南昌每天超过 50 万吨生活污水未收集直排进入城市河道、湖泊和赣江；云南保山市隆阳区每天约 4.5 万吨污水直排东河；广西崇左市污水集中收集率仅为 6.7%，在上报国家黑臭水体治理任务时竟将 5 个池塘中填平 4 个……甚至不少分流制地区的雨污水混错接严重，尤其是污水接入雨水管，导致旱天直接排放入河。此外，《水污染防治行动计划》规定到 2020 年，地级城市黑臭水体控制在 10%，这只是地级城市。实际上，我们国家还有 300 多个县级城市、1000 多个城关镇、10000 多个建制镇，也存在黑臭水体，整治任务非常艰巨。这些存在的种种问题，让我们看到了治水的长期性和艰巨性。

民生为上，治水为要。"十四五"时期是我国全面建成小康社会、实现第一个百年奋斗目标之后，乘势而上开启全面建设社会主义现代化国家新征程的时期，我们应继续努力，把社会期盼、基层经验、人民智慧融入"十四五"水生态环境保护工作中。2021 年 12 月，发改委印发《"十四五"重点流域水环境综合治理规划》，将"十四五"目标确定为"到 2025 年，基本形成较为完善的城镇水污染防治体系，城市生活污水集中收集率力争达到 70% 以上，基本消除城市黑臭水体。重要江河湖泊水功能区水质达标率持续提高，重点流域水环境质量持续改善，污染严重水体基本消除，地表水劣 V 类水体基本消除，有效支撑京津冀协同发展、长江经济带发展、粤港澳大湾区建设、长三角一体化发展、黄河流域生态保护和高质量发展等区域重大战略实施。集中式生活饮用水水源地安全保障水平持续提升，主要水污染物排放总量持续减少，城市集中式饮用水水源达到或优于Ⅲ类比例不低于 93%"。由此，规划整体需求从单纯的水质改善向水生态系统功能的恢复转变，也正是回应了人民群众对生态环境功能的诉求。

第一，继续实施水污染防治行动和海洋污染综合治理行动。水污染防治攻坚是污染防治攻坚战的重要领域之一。要坚持目标导向，实现"有河要有水，有水要有鱼，有鱼要有草，下河能游泳"的目标。全面贯彻落实《水污染防治行动计划》和新修订的《水污染防治法》，围绕生态环境改善目标，坚持山水林田湖草沙系统治理，污染减排和生态保护两手发力。加强陆海统筹，继续开展入河（海）排污口溯源整治，加强海洋垃圾污染防治监管；以黑臭水体治理为突破口，推动补齐城镇和工业园区环境基础设施短板，加快生产、生活等污染源减排和水生态系统保护修复，坚决打好城市黑臭水体治理等标志性重大战役。作为黄河流域最下游省份，山东坚持把入海水质作为检验流域治理成效的重要标准，创新海洋环境质量生态补偿机制，在全国率先制定出台海洋环境质量生态补偿办法，由省级政府充当入海断面的"下游地区"，对沿海各市给予近岸海域海水水质、入海污染物控制等方面补偿，补全流域治理链条，释放整体激励效应。2021 年 12 月，山东省近岸海域优良水质比例达到 92.3%，比 2020 年初提升 2 个百分点，海洋环境质量生态补偿机制成效逐步显现。

第二，改善水环境质量。紧跟国家政策，科技赋能，以改善水环境质量为核心，突出"保好水，治差水"目标。通过成套水治理设备，如一体化预制泵站、污水处理设备等，因地制宜加强水源地环境管理、防治水污染。通过强化水环境监管、应急处置能力，不断完善监管体系，提升监管能力。在广西南宁，沙江河在整治前，河水污染严重，属于劣Ⅴ类水质，居民连窗户都不敢开。如今，在超水量运行的情况下，通过严格控制工艺调控参数，实现了水厂出水和河道水质主要指标稳定达到地表Ⅳ类水标准，部分指标达Ⅱ至Ⅲ类。运营三年以来，生态环境持续改善，吸引了白鹭、白面水鸡、鹦鹉等多种原生鸟类前来安家落户，形成了自然水生物与人工栽种植物相辅相成的和谐生态景观。2021 年 12 月，沙江河项目入选广西第二批美丽幸福河湖名录。

第三，加强重点流域水生态环境保护。在《"十四五"重点流域水环境综合治理规划》中，重点流域规划范围涵盖长江流域及西南诸河（澜沧江以西）、黄河流域及西北诸河、淮河、海河、珠江区及西南诸河区（红河流域）、松辽区、太湖与东南诸河区，涉及 31 个省（直辖市、自治区）。其中，太湖流域包括上海、江苏、浙江 3 省市的 51 个县（市、区），总面积 3.18 万平方公里。丹江口库区及上游包括河南、湖北、陕西 3 省的 46 个县（市、区）及四川、重庆、甘肃等省市部分乡镇，面积 9.52 万平方公里。洞庭湖区涉及湖南、湖北两省 30 个县（市、区），总面积 6.05 万平方公里。应当激发地方政府落实重点流域保护治理责任的积极性、主动性，发挥中央预算内投资等引导作用，吸引社会资本积极参与相关工程项目建设，推进这些重要湖泊和大江大河综合治理，以饮用水水源规范化建设为突破口，有效保障饮用水水源安全，统筹污染防治与绿色发展，助力深入打好污染防治攻坚战。

第四，统筹水资源、水生态、水环境"三水"。水资源方面，要推动完善水资源管理的基础制度，把生态用水保障放在更加突出的位置。我们不仅要关注生产用水、生活用水，而且要更多保障生态用水。2021 年实施的《长江保护法》，明确把生态用水列为仅次于生活用水的第二位，优先满足城乡居民生活用水，保障基本生态用水，并统筹农业、工业等生产用水，在基础制度上有了很大的突破。"十四五"时期，一方面要以生态流量保障为重点，力争在"有河有水"上实现突破，使断流的河流恢复有水；另一方面要推动开展区域再生水循环利用试点，努力改变以高耗水为代价的发展模式，化解生态用水保障的难题。水生态方面，要按照流域生态环境功能需要，力争在"有鱼有草"上实现突破，使河流、湖泊的水生态系统逐步恢复。水环境方面，要以群众对美好环境的向往为导向，有针对性地改善水环境质量，不断满足老百姓的亲水需求，力争在"人水和谐"上实现突破，使更多的河流能让人游泳。确保"到 2027 年，全国地表水水质、近岸海域水质优良比例分别达到 90%、83% 左右，美丽河湖、美丽海湾建成率达到 40% 左右；到 2035 年，'人水和谐'美丽河湖、美丽海湾基本建成"①。

（三）强化土壤污染管控，打赢净土保卫战

土壤是人类赖以生存和发展的物质基础，关系人民群众身体健康，关系

---

① 《中共中央国务院关于全面推进美丽中国建设的意见》，《人民日报》2024 年 1 月 12 日，第 1 版。

美丽中国建设。保护土壤环境质量，提高农产品质量和全民健康水平，是实现全面建设社会主义现代化强国的必然要求，也是改善民生的重要内容。然而，我国土壤环境总体状况堪忧。我国不仅耕地资源匮乏，而且土壤污染严重。早在 2006 年，环保部公布的数据显示，据不完全调查，中国受污染的耕地就约有 1.5 亿亩，占 18 亿亩耕地的 8.3%。与早已展开的空气和水污染治理相比，土壤治污也还在起步阶段。加强对土壤的保护和治理已成为我国实现绿色生态高质量发展亟待解决的问题。

　　党的十八大以来，以习近平同志为核心的党中央高度重视土壤环境保护工作。明确强调"净土保卫战重在强化污染风险管控"[①]。为了切实加强土壤污染防治，逐步改善土壤环境质量，2016 年 5 月 28 日，国务院印发《土壤污染防治行动计划》（也简称为"土十条"）。该《行动计划》提出，到 2020 年，全国土壤污染加重趋势得到初步遏制，土壤环境质量总体保持稳定，农用地和建设用地土壤环境安全得到基本保障，土壤环境风险得到基本管控。到 21 世纪中叶，土壤环境质量全面改善，生态系统实现良性循环。可以说，这是当前和今后一个时期全国土壤污染防治工作的行动纲领，是党中央、国务院推进生态文明建设，坚决向污染宣战的一项重大举措，是系统开展污染治理的重要战略部署，对确保生态环境质量改善、各类自然生态系统安全稳定具有重要作用。2018 年 5 月，在全国生态环境保护大会上，习近平总书记再次就打好污染防治攻坚战作出重要部署："要全面落实土壤污染防治行动计划，推动制定和实施土壤污染防治法。突出重点区域、行业和污染物，强化土壤污染管控和修复，有效防范风险，让老百姓吃得放心、住得安心。"[②]这一重要讲话，是打好污染防治攻坚战、推动生态文明建设迈上新台阶的路线图、时间表，为保护和修复土壤生态、牢筑生态安全屏障指明了方向。随后，《中华人民共和国土壤污染防治法》自 2019 年 1 月 1 日起施行。我国土壤污染防治从此有法可依，"净土保卫战"纳入法治轨道。这也标志着我国以环境

---

① 习近平：《以美丽中国建设全面推进人与自然和谐共生的现代化》，《求是》2024 年第 1 期。

② 习近平：《推动我国生态文明建设迈上新台阶》，《求是》2019 年第 3 期。

保护法为统领的各环境要素污染防治法律体系业已建成。

"十三五"期间，按照党中央、国务院的决策部署，各地净土保卫战取得了积极成效，土壤污染加剧的趋势得到初步遏制，土壤环境风险得到基本管控。不过，当前，我国经济发展进入新常态，一些地区和部门重城市轻农村、重工业轻农业、重地表轻地下的现象依然存在，再加上我国土壤、地下水、农业农村生态环境保护总体本身滞后，工作基础薄弱的现实状况没有发生根本性变化，土壤污染防治任务仍繁重艰巨。2021年底，生态环境部、发展改革委、财政部、自然资源部、住房和城乡建设部、水利部、农业农村部联合印发《"十四五"土壤、地下水和农村生态环境保护规划》，明确"十四五"时期规划的目标为"到2025年，全国土壤和地下水环境质量总体保持稳定，受污染耕地和重点建设用地安全利用得到巩固提升；农业面源污染得到初步管控，农村环境基础设施建设稳步推进，农村生态环境持续改善。到2035年，全国土壤和地下水环境质量稳中向好，生态宜居美丽乡村基本建成"。这是对土壤、地下水、农业农村生态环境保护工作作出的进一步系统部署和具体安排。

"十四五"时期，要按照党和国家的决策部署，坚持问题导向、底线思维，坚持突出重点、有限目标，坚持分类管控、综合施策。通过健全和完善"预防为主、保护优先、风险管控"的体制机制，集中攻克群众身边突出的土壤和地下水生态环境问题。特别是在农业农村方面，按照"源头防控、循环利用、系统治理、自然恢复"的体制机制，坚持农村生态环境保护与乡村规划建设有机融合、农业面源污染防治与农业绿色发展一体推进，聚焦突出环境问题，有效管控农用地和建设用地土壤污染风险，深入打好农业农村污染治理攻坚战，保护和改善地下水生态环境质量。由此可见，在落实建设用地准入管理制度、深入推进农用地土壤污染防治和安全利用、加强污染源监管、开展污染治理与修复等诸多方面仍需积极发挥政府主导作用，通过加强目标考核，严格责任追究等配套措施，狠抓落实，确保有效管控土壤污染风险，让老百姓吃得放心，住得安心。确保"到2027年，受污染耕地安全利用率达到94%以上，建设用地安全利用得到有效保障；到2035年，地下水国控点位 Ⅰ—Ⅳ

类水比例达到 80% 以上，土壤环境风险得到全面管控"①。

（四）加强固体废弃物和垃圾处置

我国是人口大国，必然也是固体废物产生大国。数据显示，我国目前各类固体废物累计堆存量约为 800 亿吨，每年产生量近 120 亿吨。如果不进行妥善处理和利用，将对环境造成严重污染，对资源造成极大浪费，对生态中国的建设极为不利。如今，垃圾处理已成为影响社会公众生活，必须妥善处理的突出环境问题之一。以生活垃圾处理为例，随着城市化进程的不断加快和居民生活水平的日益提高，城市生活垃圾产生量亦与日俱增。根据生态环境部公布的《2019 年全国大、中城市固体废物污染环境防治年报》，2018 年，200 个大、中城市生活垃圾产生量 21147.3 万吨，处置量 21028.9 万吨，虽然处置率达 99.4%。这些垃圾的堆放不仅产生恶臭，侵占土地，滋生大量病菌微生物和害虫等，还会污染土壤和地下水。由此可见，实行垃圾分类关系广大民众生活环境，关系节约使用资源，也是社会文明水平的一个重要体现。中国的城市垃圾已进入分类处置时代，而如何完成好"加强固体废弃物和城市垃圾分类处置"这一任务备受关注。

事实上，"废物"是放错位置的资源，如能将其减量化、资源化，减轻原生资源开采利用和固体废物处理不当所带来的生态环境破坏，从源头消除对人居生活环境的影响，将不仅有利于优化城市和农村生活环境，促进生态宜居的美丽中国建设；而且有利于公民健康，提高人民群众对人居环境的满意度；还可以从固体废物的再次利用中发展战略性新型产业，给国家和百姓带来可持续的发展。习近平总书记在党的十九大报告中明确提出"加强固体废弃物和垃圾处置"等要求。党的二十大报告指出：要"加快构建废弃物循环利用体系"②。

针对绝大多数城市生活垃圾不分类、不按规定投放、混装混运等情况，

①《中共中央国务院关于全面推进美丽中国建设的意见》，《人民日报》2024 年 1 月 12 日，第 1 版。

② 习近平：《高举中国特色社会主义伟大旗帜　为全面建设社会主义现代化国家而团结奋斗——在中国共产党第二十次全国代表大会上的报告》，人民出版社 2022 年版，第 50 页。

为深入贯彻中央精神，各地加快了统筹城乡生活垃圾的处置步伐，加强了垃圾处理设施建设改造以及餐厨废弃物处理设施建设，推进智慧城市建设。2016年12月，习近平总书记主持召开中央财经领导小组会议，研究普遍推行垃圾分类制度，强调要加快建立分类投放、分类收集、分类运输、分类处理的垃圾处理系统，形成以法治为基础、政府推动、全民参与、城乡统筹、因地制宜的垃圾分类制度，努力扩大垃圾分类制度覆盖范围。2018年12月，国务院印发《"无废城市"建设试点工作方案》，明确前端垃圾尽量减量化、末端处置"去填埋化"，推动垃圾处置资源化充分利用。2019年6月，习近平总书记对垃圾分类工作再次作出重要指示，提出"推行垃圾分类，关键是要加强科学管理、形成长效机制、推动习惯养成"[1]。2019年6月，住房和城乡建设部等九部门在46个重点城市先行先试的基础上，印发《关于在全国地级及以上城市全面开展生活垃圾分类工作的通知》，决定自2019年起，全国地级及以上城市全面启动生活垃圾分类工作；到2020年，46个重点城市将基本建成垃圾分类处理系统；到2025年，全国地级及以上城市基本建成垃圾分类处理系统。2020年4月30日，《中华人民共和国固体废物污染环境防治法》颁布，生活垃圾收费有法可依。

随着垃圾分类的全面展开，生活垃圾处理将进一步发展。垃圾处理解决的是环境无害化和安全化的问题。生活垃圾产生量持续攀升，生活垃圾处理压力较大，生活垃圾无害化处理场需求大增。当前，我国生活垃圾无害化处理的方式主要有三种，即卫生填埋、焚烧和其他，其中以卫生填埋为主。此外，各地积极兴建生活垃圾无害化处理场。可以说，我国生活垃圾无害化处理能力已不断提升，生活垃圾无公害处理量和无公害处理能力也在不断提高。可以看出，政府监管趋于严格，驱动垃圾处理行业发展。2020年1月，环境保护部印发《关于生活垃圾焚烧厂安装污染物排放自动监控设备和联网有关事项的通知》，要求垃圾焚烧企业于2020年9月30日前全面完成"装、树、联"

---

[1]　中共中央宣传部、中华人民共和国生态环境部：《习近平生态文明思想学习纲要》，学习出版社、人民出版社2022年版，第96页。

三项任务，逾期仍未完成的垃圾焚烧企业将依法严肃处理。到 2020 年底，我国建立起了较为完善的城镇生活垃圾处理监管体系。此外，在农村，各地也因地制宜开展了农村人居环境整治，推进"厕所革命"、垃圾污水治理，建设美丽乡村。确保"到 2027 年，'无废城市'建设比例达到 60%，固体废物产生强度明显下降；到 2035 年，'无废城市'建设实现全覆盖，东部省份率先全域建成'无废城市'，新污染物环境风险得到有效管控"①。

二、提升生态系统质量和稳定性

生态本身就是一个有机系统，生态治理也应该以系统思维考量、以整体观念推进，这样才能顺应生态环保的内在规律。党的十八大以来，习近平总书记从生态文明建设的整体视野提出"全方位、全地域、全过程开展生态文明建设"②。"十四五"时期，我们要遵循习近平生态文明思想，尊重生态系统的整体性、系统性及其内在规律，推动形成山水林田湖草沙系统保护和修复的新格局，为提升生态系统质量和稳定性，在全面建设社会主义现代化国家的新征程中开好局起好步。

（一）充分认识山水林田湖草沙生态保护修复的重要意义

加快山水林田湖草沙生态保护修复，实现格局优化、系统稳定、功能提升，关系生态文明建设和美丽中国建设进程，关系国家生态安全和中华民族永续发展。党的十八大以来，以习近平同志为核心的党中央高度重视生态文明建设，就开展生态保护修复作出了明确的部署要求。开展山水林田湖生态保护修复是生态文明建设的重要内容，是贯彻绿色发展理念的有力举措，是破解生态环境难题的必然要求。

包括山水林田湖草沙在内一切生物的大自然是人类赖以生存发展的基本

---

① 《中共中央国务院关于全面推进美丽中国建设的意见》，《人民日报》2024 年 1 月 12 日，第 1 版。

② 习近平：《推动我国生态文明建设迈上新台阶》，《求是》2019 年第 3 期。

条件。"万物各得其和以生，各得其养以成。"生态是统一的自然系统，是各种自然要素相互依存而实现循环的自然链条。习近平总书记指出："人的命脉在田，田的命脉在水，水的命脉在山，山的命脉在土，土的命脉在树。"[1] 由此可见，习近平总书记所指的这个生命共同体就是人类生存发展的物质基础。从生态系统的角度看，人与自然都是生命大系统、生态大系统的子系统，都是生命共同体的成员和生态大系统的构成要素。山水林田湖草沙是生态系统的重要组成部分，在有机质生产、生态系统产品供给、生物多样性维持、气候调节、环境净化、涵养水源、土壤保持、防风固沙、文化休闲娱乐等方面发挥着重要作用，是人类生存及国家发展所依赖的重要基础。生态系统各成员和各要素只有彼此依存、共生互利、协同进化，才能美美与共、和谐发展。加快推进山水林田湖草沙系统治理，将有助于提升生态系统健康与永续发展水平，增加生态系统服务与产品供给，满足人民日益增长的优美生态环境需要，并为我国经济社会发展提供重要支撑。

山水林田湖草沙的质量与功能的实现是我国可持续发展的根本保证。大自然孕育抚养了人类，人类应该以自然为根，尊重自然、顺应自然、保护自然。不尊重自然，违背自然规律，只会遭到自然的报复。自然遭到系统性破坏，人就失去了赖以生存发展的基础。这就从根本上印证了习近平总书记的"人与自然是生命共同体"的论断。山水林田湖草沙是"绿水青山"的基底，也是决定区域发展空间以及资源环境承载能力的重要因素。长期以来，我国区域经济发展更多依赖土地、资本、劳动力、技术等生产要素的投入，对生态要素在经济增长中的作用考虑不足。受高强度的国土开发建设、矿产资源开发利用等因素影响，我国一些生态系统破损退化严重，部分关系生态安全格局的核心地区在不同程度上遭到生产生活活动的影响和破坏，提供生态产品的能力不断下降。随着环境污染、土地退化、生物多样性丧失等问题的集中显现，社会各界开始反思并不断深化对生态环境与经济发展关系

---

[1] 中共中央文献研究室：《习近平关于社会主义生态文明建设论述摘编》，中央文献出版社2017年版，第47页。

的认识。以习近平同志为核心的党中央不断强调，要求面对自然资源和生态系统，不能从一时一地来看问题，一定要树立大局观，算大账、算长远账、算整体账、算综合账，如此才能形成系统性的治理，实现生产、生活、生态的和谐统一。

山水林田湖草沙系统治理是我国实现绿色经济发展的必然要求。历史地看，一部人类文明史就是一部人与自然的关系史，生态兴则文明兴，生态衰则文明衰。绵延5000多年的中华文明之所以生生不息，与道法自然、天人合一的传统哲学智慧紧密相关。当前，绿色经济在世界范围蓬勃发展，很多国家已经将其作为经济发展的制高点，以提升国家竞争力、促进可持续发展的战略思维，确立绿色经济发展的重点领域，优先加强绿色技术的研发。谁在绿色经济中占据优势，谁便能为自身的生存发展奠定更为牢靠的基础，创造更大的发展空间与机遇。我们党把人与自然和谐共生的现代化明确为社会主义现代化建设的一个重要特征，强调山水林田湖草沙生态的综合治理，不仅体现了中华民族讲求人与自然和谐发展的文化传统，而且迎合当今世界发展潮流，生动表明我们党对社会主义现代化建设规律的认识达到了一个新高度。山水林田湖草沙系统治理是发展绿色经济的重要基础，一方面，山水林田湖草沙作为"绿水青山"的重要组成部分，将通过合理开发利用变为"金山银山"，实现其生态经济价值；另一方面，山水林田湖草沙系统治理将有效拉动绿色技术、绿色产业的发展，助力乡村全面振兴，形成新的经济增长点。例如，中国科学院在江西省吉安市千烟洲红壤丘陵综合开发试验站因地制宜，充分利用多种自然资源及每一寸土地，在土层瘠薄的山上种草种树、保持水土，在土壤条件较好的河谷滩地种植果树和粮食作物，在河谷间筑坝成塘、灌溉养鱼，成功打造了"丘上林草丘间塘，河谷滩地果鱼粮"的"千烟洲模式"。这一模式只用了7—8年时间就控制了水土流失，并使千烟洲居民收入达到当地农民收入的2—3倍，实现了生态环境与经济协同发展。因此，在全球积极推进绿色经济发展的重要历史时刻，我们加快推进山水林田湖草沙系统治理，积极发展绿色技术和产业，将为打赢精准脱贫、污染防治攻坚战，实施乡村全面振兴战略奠定重要基础。

（二）建立山水林田湖草沙系统治理的认知体系

山水林田湖草沙是一个生命共同体，人的命脉在田，田的命脉在水，水的命脉在山，山的命脉在土，土的命脉在树。用途管制和生态修复必须遵循自然规律，如果种树的只管种树、治水的只管治水、护田的单纯护田，很容易顾此失彼，最终造成生态的系统性破坏。因此，2018年5月，习近平总书记在全国生态环境保护大会上明确指出："山水林田湖草是生命共同体，要统筹兼顾、整体施策、多措并举，全方位、全地域、全过程开展生态文明建设。"这体现了党中央对生态是统一的自然系统，是各种自然要素相互依存实现循环的自然链条的深刻认识。

生态系统具有系统性。所谓系统，从哲学上说，是指由若干相互联系、相互作用的要素按一定方式组成的统一整体。从生态的定义上看，狭义上的"生态"是指生物在一定的自然环境下生存和发展的状态，也指生物的生理特性和生活习性；广义上的"生态"是指整个自然界的生存状态，其中包括气候、水文、地质、地貌及各种生命体（动植物）的生存状态。简而言之，生态就是指一切生物的生存状态，以及它们之间和它与环境之间的内在联系。这种环环相扣、相互作用、相互依存的动态复合体就是生态存在的表现形态。而生物群落通过能量和物质的交换，与其生存的环境不可分割地相互联系、相互作用，共同形成的统一整体就构成了自然系统。因此，我们要实现生态系统开发与保护的协调。"山水林田湖草沙生命共同体"是指不同土地、水分条件下森林、农田、湖泊和草原各种生态系统在合理有效地管理和利用下形成的统一体。一个区域的经济和社会的发展，离不开该地区生态系统的支撑和环境保护，而且这些生态系统是相互联系和相互促进的。农田主要提供人类的食物，健康的农田生态系统的维持离不开森林、草原和湖泊所提供的优质环境和对气候变化缓解的作用，山水的保护是所有生态系统维持的根本。必须认识到，一旦生态系统的组成要素受到破坏，将直接导致地球系统功能和服务价值的下降乃至消亡。

生态系统具有整体性。整体性是指系统的有机整体，其存在的方式、目标、功能都表现出统一的整体性。任何一个生态系统都是由多个要素综合而成的统一体，这个统一体不再是各要素结合前的分散状态，而是发生了巨大变化。整体性是生态系统要素与结构的综合体现，主要有三个论点：一是整体大于各部分之和。当要素按照一定规律组织起来具有综合性的功能时，各要素在相互联系、相互制约、相互作用下出现了不同的性质、功能和运动规律，尤其是出现了新质，这是各要素独立存在时所没有的。二是一旦形成了系统，各要素不能再分解成独立要素存在。如果要硬性分开的话，分解出去的要素就不再具有系统整体性的特点和功能。三是各要素的性质和行为对系统的整体性是有作用的，这种作用是在各要素相互作用过程中表现出来的。各要素是整体性的基础，系统整体如果失去其中一些关键性要素，也难以成为完整的形态而发挥作用。生态系统的整体性越强，就越像一个无结构的整体。在一定条件下，可以以一个要素的身份参加到更大的系统中，这种整体性正是生态系统的实质和核心。生态环境的治理，局部的行动已不能彻底扭转，迫切需要依照整体性原则来处理。

生态系统具有开放性。自然生态系统总是与外界进行物质、能量与信息的交流，即使相对独立的池塘生态系统也是这样，它的四面八方亦都是与外界相通的，不断有能量和物质的进入和输出。生态系统的开放性具有重要意义，具体体现为：首先，有开放，才有输入。对一个系统而言，有输入才有输出，输入的变化总会引起输出的变化。输出是输入的结果，而输入是原因。其次，开放促进了要素间的交流。开放使生态系统各要素间有了不断的交换，促使系统内各要素间关系始终处于动态。例如，系统内生物个体生理活动和适应性对策的变动，种群之间交流的变化，种与种之间关系的改变等都能在开放环境中得到改善。最后，开放使系统得到发展。例如，外界气候常常决定生物群落的分布和外貌，也影响到群落的结构和生产力。无论从长期还是短暂的角度看，气候都是生态系统发生演替的诱发原因。可以说，生态系统的开放性决定了系统的动态和变化，开放给生态系统提供了可持续发展的可能性。生态系统的开放性提示人们在研究生态系统时，应持开放动态的思维。要把研究的对象和生态系统一起放到周围环境之中。运用开放性原理就能更全面、深刻地揭示事物的本质。

（三）统筹推进山水林田湖草沙系统治理

当前，随着我国经济迅猛增长，人口不断增多、社会活动等因素对城市周边的设施、生态环境等造成了恶劣的影响，最终导致了我国部分地区出现严重的生态系统退化情况。针对目前已有的生态退化区域，我国陆续组织开展了相关的生态保护与环境建设等重大工程，这对林草植被覆盖率的提高、森林覆盖面积的增大等起到了显著的作用。但传统资源生态环境科学工作一般从水、土、气等单方面展开，不同施工工程之间缺乏连续性、系统性、整体性考虑，客观上存在各自为战的状况，导致有些生态整治修复效果不尽理想，存在治理方向零乱、修复治理后期功能不全面等现象。有些治理方案即使形成的局地效果较好，但存在治理的整体效应较弱等突出矛盾。生态系统全方位的服务功能并没有得到实际意义的恢复和提升。

由此，全方位、全地域、全过程开展生态文明建设，需要符合生态的系统性，坚持系统思维、协同推进，如由"沙进人退"转为"绿进沙退"，由各自为战转为全域治理，由多头管理转为统筹协同。当前，生态环境保护领域之所以发生历史性变革、取得历史性成就，一个重要原因就在于牢固树立、深入践行了"山水林田湖草沙是生命共同体"的系统思想。

树立生态治理的大局观、全局观。习近平总书记曾形象地提出了人与自然构成"生命共同体"的思想，他指出："人的命脉在田，田的命脉在水，水的命脉在山，山的命脉在土，土的命脉在树。"[①] 由山川、林草、湖沼等组成的自然生态系统，存在无数相互依存、紧密联系的有机链条，牵一发而动全身。单一治理某一种污染，也只是"按下葫芦浮起瓢"，必须统筹规划系统解决，才有可能彻底改变区域生态环境。在内蒙古自治区，通辽市山水林田湖草沙一体化保护和修复工程项目于 2022 年 4 月 20 日正式开工。工程围绕"科

---

① 中共中央文献研究室：《习近平关于社会主义生态文明建设论述摘编》，中央文献出版社 2017 年版，第 47 页。

尔沁草原生态功能提升"这一核心目标，不是聚焦草原退化，土地沙化及地下水水位下降这三大关键问题的某一方面，而是系统实施"退化草原生态保护与修复、土地沙化综合治理、地下水超采治理"三大任务，通过建设退耕还草与草原生态修复工程、小流域综合治理与植被修复工程等十类工程，对科尔沁草原进行整体保护、系统修复、综合治理。由此，推进生态文明建设，需要符合生态的系统性，坚持系统思维、协同推进。要把大自然当成一个相互依存、相互影响的系统，全方位、全地域、全过程开展生态文明建设。

建立山水林田湖草沙系统治理的制度体系。在污染防治中，顺应空气、水流变动不居和跨区流动的特点，更加强调不同地区之间的协调联动、相互配合，防止各自为政、以邻为壑。在环境治理中，划定生态环保红线、优化国土空间开发格局、全面促进资源节约等各方面齐头并进，更加注重不同领域之间的分工协作，避免某一个方面拖后腿。在生态文明体制改革中，不断完善生态文明制度，更加注重各项制度之间的关联性、耦合性，生态治理的宏观体制、中观制度、微观机制都在不断完善，治理体系更加完整、治理能力更加优化。近年来，安徽统筹山水林田湖草沙系统治理，加大湿地保护修复工作力度，一方面，继续实施"退田还湖、退耕还湿、退居还湿、退建还湿"四退工程，扩大湿地面积，增强湿地调蓄能力，逐步恢复湿地生态功能，维持湿地生态系统健康；另一方面，初步建立起以湿地自然保护区、湿地公园、重要湿地为主体，其他自然公园、湿地保护小区和一般湿地为补充的湿地保护网络体系。为更好指导实践，安徽省先后颁布《安徽省湿地保护条例》《安徽省级湿地自然公园管理办法》等法规文件。其中，2021 年颁布的《安徽省级湿地自然公园管理办法》为全国第一个自然公园管理办法，将湿地保护修复体制机制创新纳入林长制改革示范先行区建设内容，这就与 2022 年 6 月 1 日施行的我国首次针对湿地保护进行的专门立法——《中华人民共和国湿地保护法》相匹配，初步建立起湿地保护网络体系。

更加注重统筹兼顾。以往生态环境"分头治理"的教训表现在以下几个方面：其一，过分强调本行业和部门的利用，没有全面考虑一个地区和区域的总体生态环境的综合治理；其二，没有整体考虑一个地区和区域发展和生态环境的协调，头痛医头，脚痛医脚，没有解决根本性的问题；其三，各个部门的工作没有合作和衔接，各行其是，造成了很大浪费，生态治理效果不明显。如果种树的只管种树，治水的只管治水，护田的只管护田，就很容易顾此失彼，生态就难免会遭到破坏。2021年4月22日晚，应美国总统拜登邀请，习近平主席在北京以视频方式出席领导人气候峰会，并发表题为《共同构建人与自然生命共同体》的重要讲话，再次指出"山水林田湖草沙是不可分割的生态系统。保护生态环境，不能头痛医头、脚痛医脚。我们要按照生态系统的内在规律，统筹考虑自然生态各要素，从而达到增强生态系统循环能力、维护生态平衡的目标"[①]。统筹山水林田湖草沙系统治理，就是要从系统工程和全局角度寻求新的治理之道，无论是哪个地方、哪个部门，无论处于生态环保的哪个环节，都应该意识到，自己的行为会经由生态系统的内部传导机制影响到其他地方，甚至影响到生态环保大局。也就是说，生态治理不能头痛医头、脚痛医脚，各管一摊、相互掣肘，而应该以系统思维考量、以整体观念推进，通过统筹兼顾、整体施策、多措并举，推动生态环境治理现代化，这样才能顺应生态环保的内在规律，取得生态治理的最优绩效。

进一步加强全社会的联动机制。要在"山水林田湖草沙"理念引领下，建立起山水林田湖草沙系统治理的空间规划体系、工程体系、监测评价体系及科技支撑体系等一系列治理体系。根据各地区实际情况，统筹各个部门，按照地区和流域发展需要综合考虑地上和地下、岸上和水里、陆地和海洋、城市和农村、一氧化碳和二氧化碳，对山水林田湖草沙进行统一保护、统一修复，有效开展生态治理。2022年5月19日，全国第一批、新疆第一个山水林田湖草沙一体化保护和修复项目——新疆塔里木河重要源流区（阿克苏河流域）山水林田湖草沙一体化保护和修复工程已集中开工。在这之前，这个坐落在世界第二大流动性沙漠塔克拉玛干沙漠西北边缘的新疆阿克苏地区，就已经以柯柯牙荒漠绿化工程为开端，一年接着一年干，一代接着一代干，

[①] 习近平：《共同构建人与自然生命共同体——在"领导人气候峰会"上的讲话》，《人民日报》2021年4月23日，第2版。

创造出了戈壁成绿洲、荒漠变果园的绿色奇迹。这次山水林田湖草沙综合治理工程，将把前期这些绿化成果串联成面，打造柯柯牙的"扩大版"和"升级版"。治理内容由原来单一的植树造林防风固沙，转向山水林田湖草沙冰全要素一体化保护和修复；治理组织实施由原来"九龙治水"、多部门"独奏"，转向统筹力量、系统谋划、整体推进，对阿克苏进一步筑牢北方"绿色长城"、打造荒漠化治理样板具有重要意义。此外，政府不仅牵头开展生态治理，而且动员社会力量加入巩固治理成效，通过以林养林的模式，催生出了一个年产值 160 亿元、产量占全疆 1/4 的林果产业，成了农民增收致富的"绿色银行"，实现生态效益和经济效益双丰收。

三、加快推进生态环境保护修复

习近平总书记指出："实施重要生态系统保护和修复重大工程，优化生态安全屏障体系，构建生态廊道和生物多样性保护网络，提升生态系统质量和稳定性。"[①] 党的十九届五中全会通过的《中共中央关于制定国民经济和社会发展第十四个五年规划和二〇三五年远景目标的建议》（以下简称《建议》）中，再次明确传递了持续加强生态环境保护的信号，并将生态环境保护贯穿到高质量发展的各个方面，指明了"十四五"时期乃至 2035 年的前进方向。党的二十大报告再一次指出，"以国家重点生态功能区、生态保护红线、自然保护地等为重点，加快实施重要生态系统保护和修复重大工程"[②]。"十四五"时期，要深入贯彻习近平生态文明思想，贯彻落实新发展理念，按照高质量发展要求，把生态修复和环境保护摆在更加重要位置，推动生态文明建设再上新台阶。

---

① 习近平：《决胜全面建成小康社会　夺取新时代中国特色社会主义伟大胜利》，《人民日报》2017年 10 月 28 日，第 1 版。

② 习近平：《高举中国特色社会主义伟大旗帜　为全面建设社会主义现代化国家而团结奋斗——在中国共产党第二十次全国代表大会上的报告》，人民出版社 2022 年版，第 51 页。

（一）守住自然生态安全边界

长期以来，由于工业化和城镇化，自然生态空间被挤占的现象非常普遍。因此，未来守住自然生态安全边界，既是挑战，也是艰巨的任务。显然，守住所有自然生态空间是不可能的，但通过划定生态保护红线，守住重要生态空间、守住自然生态安全边界是必需的。习近平总书记曾在不同场合就生态保护红线做出重要指示，多次强调要牢固树立生态红线的观念。《建议》首次提出，守住自然生态安全边界，彰显了党中央对生态保护的决心和意志。

守住自然生态安全边界，就要有守住生态保护红线的思想意识。生态保护红线是底线思维在生态保护中的生动体现。底线思维就是指在对发展风险认真评估的基础上，立足于最坏的结果，在守住底线的前提下攻坚克难，乘势而上，顺势而为，从而谋求最理想的效果。生态红线是根据自然生态系统完整性和自我修复的要求，划定的生态环境保护基准线，是从战略高度保证我们不犯终极错误、引发生态灾难的环境保护底线。以长江上游流域生态保护治理为例，严格落实"十年禁渔"要求，为统筹"三大水系"上下游、干支流、左右岸和水陆面生态保护修复，提升水土保持和水源涵养等生态功能作出了巨大贡献。"纷繁世事多元应，击鼓催征稳驭舟。"只有强化底线思维，加强对生态红线的认识，严守生态底线，才能维护保障国家生态安全。

守住自然生态安全边界，就要建立健全生态保护红线制度。首先，划定生态保护红线。严守生态保护红线的前提是要划定生态保护红线。"十四五"需开展生态保护红线区域生态环境本底调查，摸清红线内生态系统特征、人类活动情况，并以县级行政区为基本单元建立生态保护红线信息台账，为实施生态环境监管奠定基础数据。其次，出台生态保护红线管理办法，明确生态保护红线的具体管控要求。基于生态保护红线监管问题和立法需求，厘清现有生态环境保护、自然保护地管理、国土空间用途管制等与生态保护红线监管的关系，推动研究制定"生态保护红线条例"，明确生态保护红线的保护要求和破坏生态保护红线的法律责任，确立生态保护红线在国土空间保护的优先地位。自全国首部生态保护红线地方性法规《海南省生态保护红线管理规定》于 2016 年出台之后，为解决其与 2017 年出台的《关于划定并严守生态保护红线的若干意见》等一系列中央政策不一致的问题，2022 年 5 月 16 日，七届海南省政府第 101 次常务会议审议通过了《海南省生态保护红线管理规定修正案（草案）》。《修正案》根据中央政策规定修改了生态保护红线的概念、划定主体、报批程序和相关分类，明确了生态保护红线的调整情形和可开展人为活动的情形。同时，结合海南省实际，细化了生态保护红线的区域范围，对生态保护红线的相关责任主体进行了相应调整。当前，我们应更多鼓励和支持有条件的地区制定地方法规，为生态保护红线国家立法积累经验。

守住自然生态安全边界，就要严守生态保护红线。"十四五"期间，生态保护红线将由划定为主阶段转入严守阶段。按照《关于划定并严守生态保护红线的若干意见》部署安排，生态保护红线在科学划定完成后实行严格管控。一方面，要及时开展生态保护红线监管评估。这是为了评估各类生态保护红线区生态系统服务价值。以遥感和地面调查监测相结合，重点识别可能造成生态破坏的活动，对于人类活动干扰高风险地区开展加密监测。要定期开展生态保护红线保护成效评估，重点评估生态保护红线在提升生态功能、维护生物多样性、保障人居环境安全等方面发挥的作用。另一方面，要按照"源头严防、过程严管、后果严惩"的全过程管理思路进行严格监管，强化执法监督，建立绩效考核、责任追究、损害赔偿机制，确保生态功能不降低、面积不减少、性质不改变，维护国家生态安全，促进经济社会可持续发展。

（二）推进以国家公园为主体的自然保护地体系建设

自然保护地是生态建设的核心载体、中华民族的宝贵财富、美丽中国的重要象征，在维护国家生态安全中居于首要地位。党的十九大报告指出："构建国土空间开发保护制度，完善主体功能区配套政策，建立以国家公园为主体的自然保护地体系。"[1] 党的二十大报告再一次指出，"推进以国家公园为主

---

[1]　习近平：《决胜全面建成小康社会　夺取新时代中国特色社会主义伟大胜利》，《人民日报》2017年 10 月 28 日，第 1 版。

体的自然保护地体系建设"①。这是以习近平同志为核心的党中央站在中华民族永续发展的高度提出的战略举措，对美丽中国建设具有十分重要的意义。这也意味着，我国的自然保护地体系将从目前的以自然保护区为主体，转变为今后的以国家公园为主体。

建立保护地一直是世界各国保护自然的通行做法。1864 年，美国的约瑟米蒂谷被列入受保护的地区，成为世界上首个现代自然保护地，此后，各种自然保护地在全球相继建立起来。我国的自然保护地建设成绩巨大，历史遗留问题也很多。我国从 1956 年就开始建立自然保护区。改革开放以来，以自然保护区为代表的各类自然保护地快速发展。1978 年 11 月 22 日，邓小平在党的十一届三中全会前夕，专门在《光明日报》内参上的一篇关于呼吁保护福建崇安县生物资源的文章上批示，"请福建省委采取有力措施"，并在标题"保护"二字下重重画了两道横线。1979 年 4 月，武夷山国家级自然保护区得以建立。此后，在中央的重视下，全国各地积极性提高，自然保护区数量快速增长，森林公园等多种类型的自然保护地也得到快速发展。1994 年，《自然保护区条例》的颁布，使得自然保护区管理有法可依。当前，"以国家公园为主体的自然保护地体系加快构建，我国正式设立三江源等第一批国家公园，建立各级各类自然保护地近万处，陆域自然保护地总面积约占陆域国土面积的 18%，超过世界平均水平。同时，率先在国际上提出和实施生态保护红线制度，初步划定的生态保护红线面积不低于陆域国土面积的 25%，覆盖全国生物多样性分布的关键区域，保护着绝大多数珍稀濒危物种及其栖息地"②。这些举措使我国重要的自然生态系统和独特的自然遗产得以保护，在保存自然本底、保护生物多样性、改善生态环境质量和维护国家生态安全方面发挥了巨大作用。

近年来，经过多年的高强度开发，资源约束趋紧，环境污染加剧，生物多样性丧失，我国生态环境问题越来越突出。为此，国家加大了管理、监督

---

① 习近平：《高举中国特色社会主义伟大旗帜　为全面建设社会主义现代化国家而团结奋斗——在中国共产党第二十次全国代表大会上的报告》，人民出版社 2022 年版，第 51 页。

② 《美丽中国正在不断变为现实》，《人民日报》2022 年 6 月 2 日，第 6 版。

和执法力度，各种问题开始集中暴露出来。以自然保护区为例，在我国，除了高海拔的无人区外，现有的自然保护区内很难找到完全没有人类活动的区域，因此不能等同于概念上的严格自然保护区。在现实中，由于许多自然保护区边界范围不合理，功能区划不科学，存在许多遗留问题，如把一些乡镇、厂矿、耕地、人工林、商品林、集体林都划入其中，一些在自然保护区成立之前就在划定区域内存在的合法的生产生活活动，一些祖祖辈辈就生活在里面的原住居民，突然间与自然保护区管理规定产生矛盾，于是产生抵触情绪，随着执法力度的加大，一些地方甚至到了"谈保护区色变"的程度。这折射出我国自然保护地普遍存在定位模糊、多头管理、重叠设置、边界不清、区划不合理、权责不明、人地冲突严重等问题。因此，在严峻的形势面前，尽管保护生态环境已成为社会共识，但在这些具体问题上，相关监督管理部门如履薄冰，当地居民发展受限，保护区工作人员叫苦不迭，地方政府深受困扰，无所适从。为此，2019 年 6 月，中共中央办公厅、国务院办公厅印发了《关于建立以国家公园为主体的自然保护地体系的指导意见》，2022 年 6 月国家林业和草原局也印发了《国家公园管理暂行办法》，这些都为加快建立以国家公园为主体的自然保护地体系，提供高质量生态产品，推进建设美丽中国提供了根本遵循。

第一，对现有自然保护地进行科学分类。如今我国的国家公园基本上是从现有自然保护地中整合建立起来的。而实际上，根据 2017 年 9 月中共中央办公厅、国务院办公厅印发的《建立国家公园体制总体方案》，我国建立国家公园的目的是保护自然生态系统的原真性、完整性，突出自然生态系统的严格、整体和系统保护，把最应保护的地方保护起来，给子孙后代留下珍贵的自然遗产。可见，国家公园属于全国主体功能区规划中的禁止开发区域，是对自然保护的强化。因此，我国应按照自然生态系统原真性、整体性、系统性及其内在规律，依据管理目标与效能，借鉴国际经验重新构建自然保护地分类系统。此外，应当开展自然保护地调查，查清和掌握我国自然保护地类型、数量、规模与分布现状，在评估分析现有保护地保护成效和重要保护对象分布关键区域基础上，明确发展目标与空间布局。要尽快编制全国自然保护地体系规划和国家公园总体发展规划，合理确定国家公园空间布局。在已经开展的自然保护地整合优化基础上，继续完善优化自然保护地网络。

第二，突出国家公园的主体地位。国家公园在维护国家生态安全关键区域中的占据首要地位，在保护最珍贵、最重要生物多样性集中分布区中的主导地位以及保护价值和生态功能在全国自然保护地体系中的主体地位。也就是说，国家公园是我国自然生态系统中最重要、自然景观最独特、自然遗产最精华、生物多样性最富集的部分，保护范围大，生态过程完整，具有全球价值、国家象征，国民认同度高。因此，做好顶层设计，科学合理确定国家公园建设数量和规模，在总结国家公园体制试点经验基础上，制定设立标准和程序，划建国家公园。国家公园一旦建立，就要将全国自然生态系统中最具重要性、国家代表性和全民公益性的核心资源划到国家公园范围内，纳入全国生态保护红线区域管控范围，实行最严格的保护，属于全国主体功能区规划中的禁止开发区域，而其相同区域一律不再保留或设立其他自然保护地类型。

第三，构建完善统一规范高效的管理体系。目前各个国家公园都建立了国家公园管理局、管理分局和管护站，管护体系初步建立起来。下一步，就要以国家公园为重点，加强生态保护、修复、监测、科研、宣教等一系列工作，推动国家公园高质量发展。首先，应当着手推动建立统一的国家公园管理体制，出台国家公园设立标准，制定国家公园总体布局和发展规划，推动国家公园立法，制订配套的法律体系，构建统一高效的管理体系，包括完善监督体系。其次，形成以国家投入为主、地方投入为补充的财政投入机制，构建搭建国际科研平台的科研监测体系，以及人才保障体系、科技服务体系、公众参与体系等。2021年6月8日，国家林业和草原局与中国科学院联合成立国家公园研究院。国家公园研究院汇聚中国科学院系统、林草系统的多领域专家学者智慧力量和科技资源。这个在建设国家公园领域最具权威性和公信力的研究机构，将为国家公园的科学化、精准化、智慧化建设与管理提供科技支撑。最后，制定特许经营制度，适当建立游憩设施，开展生态旅游等活动，使公众在体验国家公园自然之美的同时，培养爱国情怀，增强生态意识，充分享受自然保护的成果。通过国家公园体制建设促进我国建立层次分明、结构合理与功能完善的自然保护体制，构建完整的以国家公园为主体的自然保护地管理体系，永久性保护重要自然生态系统的完整性和原真性，使野生动植物得到保护，生物多样性得以保持，文化得到保护和传承。近年来，国家公园建设进展显著。2021 年 10 月，国家林业和草原局已经批准发布《自然保护地分类分级》《自然保护地生态旅游规范》等系列标准，促进了标准化在我国自然保护地管理改革中的应用和融合，对于推动我国以国家公园为主体的自然保护地体系建设、促进自然保护地生态产品价值实现有着深远的意义。

第四，完善治理体系。按照计划，2020 年，建立国家公园体制试点基本完成，整合设立一批国家公园，分级统一的管理体制基本建立，国家公园总体布局初步形成；到 2030 年，将建立完善的、以国家公园为主体的自然保护地体系。① 届时，我们将逐步形成以国家公园为主体、自然保护区为基础、各类自然公园为补充的自然保护地体系，以政府治理为主，共同治理、公益治理、社区治理相结合的自然保护地治理体系。一方面，为了更高效地在自然保护地内实现山水林田湖草沙系统治理、综合治理，应当向管理要效益，如从分类上，构建科学合理、简洁明了的自然保护地分类体系，解决牌子林立、分类不科学的问题；从空间上，通过归并整合、优化调整，解决边界不清、交叉重叠的问题；从管理上，通过机构改革，解决机构重叠、多头管理的问题，做到一个保护地、一套机构、一块牌子，实现统一管理。此外，要高度重视后续督导效能的发挥。另一方面，要通过释放政策红利，为社会资本、社会力量投入生态保护增加动力、激发活力、挖掘潜力，逐步打通绿水青山转为金山银山的通道。我们应综合各种案例和经验，探索更多激励社会主体、社会资本投入生态保护修复工作的政策措施，促进生态产品价值的实现，达到生态效益、经济效益和社会效益的有机统一。

---

① 《中共中央办公厅　国务院办公厅印发〈建立国家公园体制总体方案〉》，《中华人民共和国国务院公报》2017 年第 29 号。

（三）实施生物多样性保护重大工程

生物多样性是宝贵的自然财富，是人类社会赖以生存和发展的基石，是生态文明水平的重要标志。生物多样性又是重要的战略资源，是发展新型生物产业的重要基础。保护生物多样性是衡量一个国家生态文明水平和可持续发展能力的重要标志。生物丰富而多样是美丽中国的应有之义，是实现绿水青山的重要前提。新时期，加强生物多样性保护，是提升生态系统服务功能、提高资源环境承载力、为永续发展提供有力保障的重要途径。

我国幅员辽阔，陆海兼备，地貌和气候复杂多样，形成了丰富而又独特的生态系统、物种和遗传多样性，是世界上生物多样性最丰富的国家之一。丰富的生物多样性为维护区域生态安全，推动社会可持续发展提供了重要支撑。我国一直高度重视生物多样性保护。我国是最早加入联合国《生物多样性公约》的国家之一，积极履行公约义务。在国际上率先成立了生物多样性保护国家委员会，统筹全国生物多样性保护工作。2010 年，我国发布并实施了《中国生物多样性保护战略与行动计划（2011—2030 年）》和"联合国生物多样性十年中国行动方案"。自此，各地区各部门将生物多样性保护纳入有关规划和计划，积极推动生物多样性保护主流化。党的十八大以来，我国将其作为推进生态文明建设的重要内容。"实施重大生态修复工程，增强生态产品生产能力，保护生物多样性"[1] "实施重要生态系统保护和修复重大工程，优化生态安全屏障体系，构建生态廊道和生物多样性保护网络，提升生态系统质量和稳定性"[2]，"以国家重点生态功能区、生态保护红线、自然保护地等为重点，加快实施重要生态系统保护和修复重大工程。"[3] 在一系列中央精神指示下，如今，经过各地区、各部门和社会各界的共同努力，我国生物多样性保

---

[1]　胡锦涛：《坚定不移沿着中国特色社会主义道路前进　为全面建成小康社会而奋斗》，《人民日报》2012 年 11 月 18 日，第 1 版。

[2]　习近平：《决胜全面建成小康社会　夺取新时代中国特色社会主义伟大胜利》，《人民日报》2017 年 10 月 28 日，第 1 版。

[3]　习近平：《高举中国特色社会主义伟大旗帜　为全面建设社会主义现代化国家而团结奋斗——在中国共产党第二十次全国代表大会上的报告》，人民出版社 2022 年版，第 51 页。

护网络已基本形成，生态系统保护与修复成效显著，国际履约工作持续深化，全社会保护意识明显增强。

但也应该看到，虽然我国生物多样性保护取得了积极进展，但是在我国经济总量大、结构转型缓慢、资源相对匮乏的背景下，经济发展对资源环境的压力依然巨大，生物多样性保护与开发建设之间的冲突依然尖锐，生态环境和生物多样性保护形势依然严峻。目前，我国生物多样性下降的趋势尚未得到根本遏制，特别是部分珍稀濒危物种还未得到保护，遗传资源流失现象依然存在。"十四五"规划和 2035 年远景目标纲要明确提出，我国将构筑生物多样性保护网络，加强国家重点保护和珍稀濒危野生动植物及其栖息地的保护修复，守住自然生态的安全边界，促进自然生态系统质量整体改善。2021 年，中共中央办公厅、国务院办公厅印发《关于进一步加强生物多样性保护的意见》，明确了我国新时期生物多样性保护的总体目标和战略部署，为正确理解和把握新时期生物多样性保护的目标愿景、任务要点和战略要求，深入推进生物多样性保护和生态文明建设指明了方向。

一是强化生物多样性就地保护。自然保护区建设是保护生物多样性的最有效途径。就地保护，不仅保护了所在生物环境中的物种个体、种群或群落，而且还维持了所在区域生态系统中能量和物质运动的过程，保证了物种的正常发育与进化过程，以及物种与其环境间的生态学过程，并保护了物种在原生环境下的生存能力和种内遗传变异度。因此，就地保护在生态系统、物种和遗传多样性三个水平上都是最充分、最有效的保护，它是保护生物多样性最根本的途径。根据我国区域特点，东中部地区继续新建自然保护区，扩大保护区数量和面积，西部地区要优化空间布局，加强生物廊道和保护区群建设，提高连通性。加快海洋、河湖、草原、水生生物等类型保护区建设步伐。除了国家公园，湿地也是我国保护生物多样性的重点区域。2021 年，国家林草局已经会同国家发展改革委、财政部、自然资源部、农业农村部组织编制了《国家公园等自然保护地建设及野生动植物保护重大工程建设规划（2021—2035 年）》，规划内容涵盖国家公园建设、国家级自然保护区建设、国家级自然公园建设、野生动物保护、野生植物保护、野生动物疫源疫病监测防控、外来入侵物种防控等 7 项工程，明确了推进自然保护地生态系统整体保护、提升国家重点保护物种保护水平、增强生态产品供给能力、维护生物安全和生态安全的主要思路和重点措施，这为当前和今后一个时期，开展自然保护地建设及野生动植物保护重大工程提供了遵循。

二是合理开展迁地保护。要加强迁地保护能力建设。一方面，优化动物园、植物园布局，开展标准化试点建设；另一方面，建设一批区域生物遗传资源库和种质资源库，开展濒危种、特有种和重要生物遗传资源的收储。例如，长江江豚是长江水生态系统的旗舰物种，曾广泛分布于长江中下游干流以及与之相通的洞庭湖、鄱阳湖。过去一段时间，受长期高强度人类活动影响，长江江豚种群数量持续下降。我国高度重视长江江豚保护工作。自 20 世纪 80 年代起，逐步探索了就地保护、迁地保护、人工繁育三大保护策略。其中，迁地保护，即选择一些生态环境与长江相似的水域建立迁地保护地，是当前保护长江江豚最直接、最有效的措施。至今，我国已建立 5 个迁地保护地，迁地群体总量超过 150 头。成立于 1992 年 10 月的湖北长江天鹅洲白鱀豚国家级自然保护区，就是我国首个长江江豚类迁地保护区。党的十八大以来，随着长江经济带生态环境保护发生转折性变化，长江江豚保护措施、机制不断完善。

三是推进重要生态系统保护与修复。党的十八大以来，坚持山水林田湖草沙系统治理，以长江黄河上中游、东北黑土区等区域和贫困地区为重点，系统施策、多措并举，加快推进水土流失综合治理。继续实施退耕还林、退牧还草、湿地保护与恢复等重点生态工程，加强矿产资源开发区域的修复治理，加快推动易灾地区生态系统保护与修复。"十四五"期间，我国将实施包括长江经济带、京津冀等国家重大战略的湿地保护修复重点工程项目，强化湿地保护和修复。要加强长江、黄河等大江大河和重要湖泊湿地生态保护治理，加强重要生态廊道建设和保护，全面加强天然林和湿地保护，湿地保护率提高到 55%。

四是健全生态补偿制度。制定生物多样性优先区生态补偿办法，完善重点生态功能区一般性转移支付政策，合理补偿居民因保护生物多样性受到的经济损失。近年来，山东强化省际联动，主动对接河南省，并于2021年5月与其签订黄河流域首份省际横向生态保护补偿协议，搭建首个省际政府间合作平台。

五是增强全社会生物多样性保护意识。充分发挥新闻媒体作用，普及相关知识，报道先进典型，曝光违法行为。支持社会团体开展生物多样性保护研究、试点示范，支持学校将生物多样性知识引入课堂，支持社区自觉参与保护工作，营造政府引导、企业履责、社会参与的良好氛围。

（四）科学开展生态系统评估

提升生态系统质量和稳定性，需要以强有力的监管为保障，构建源头严防、过程严管、后果严惩的全过程监管体系，保持高压态势，形成保护生态系统的浓厚氛围。因此，统筹考虑山水林田湖草沙生态系统各要素，从生态系统格局、质量和功能等方面出发，针对不同区域的自然资源禀赋和生态服务功能，开展科学合理的监测评估，是加快推进生态环境保护修复十分重要的基础性工作之一。当前，"十四五"规划明确提出开展生态评估。为此，科学开展生态系统评估应着重从以下方面着手：

第一，尽快建立科学可行的生态系统综合评价体系。现代生产力水平的提高导致人地关系的急剧变化，从而影响陆地生态系统不可逆的退化，而且生态恢复与重建方面的努力，会耗费国家大量的资财。生态系统是如何变化的？生态系统服务是如何变化的？生态系统及其服务变化是如何影响人类福祉的？这些正是生态系统评估需要回答的重要科学问题，也是国际生态学发展的科学和全球土地计划的核心问题。一般来说，政府部门发布的一些环境指标大多只是相对的，整体上缺乏预防性指标及社会类指标。过去生态指标数据收集处理困难，地方官员偏向于采用容易出政绩的指标而忽略对区域长期可持续发展更有利的指标。那么，针对中国产业发展实际，如何找到制约中国产业生态系统可持续发展的关键因素？评价产业生态系统的综合绩效，并在此基础上识别产业生态系统的优化发展路径及制定可行的政策建议就起了至关重要的作用。通过产业生态系统绩效评价方法，尤其针对系统内部废物能值的计算方法，对产业共生中不同副产品的理化特性和循环范围，开发了不同废物的能值计算路径，解决了废物能值转换率的计算问题。这种既反映产业生态系统结构，又表征其功能的能值特征指标，还反映系统整体绩效的综合指标，能够评价产业生态系统建设的绩效并发现存在的问题，对于提高系统整体生态效率作出了贡献。同理，针对不同省份和城市开展评价研究，生态系统综合评价体系还能提出不同区域实现可持续发展的不同路径。当前，应当结合我国现有生态系统评价体系的特征和优势，尽快建立一整套科学可行的生态系统综合评价体系。

第二，定期开展评估工作。定期开展评估工作，可以及时掌握全国及重点区域生态环境状况、变化趋势和存在的主要问题，找出生态环境变化及问题出现的主要原因，提出保护对策与建议。重点应加强生态保护红线、自然保护地等评估考核。建设生态系统保护成效监测评估体系，明确保护成效评估的评估周期、评估目标与方式、评估指标与计算方法等，及时掌握生态保护红线及各类自然保护地生态系统状况、管理和保护成效情况，并向社会公布。2020 年 6 月，《全国重要生态系统保护和修复重大工程总体规划（2021—2035 年）》发布，这是党的十九大后生态保护和修复领域第一个综合性规划。该《规划》既是规划，也是评估。在对生态系统质量功能、生态保护压力、生态保护和修复系统性、水资源保障、多元化投入机制以及科技支撑能力等方面存在的问题作出详细评估的基础上，提出了 9 项重大工程，包括青藏高原生态屏障区等 7 大区域生态保护和修复工程，以及自然保护地及野生动植物保护、生态保护和修复支撑体系等 2 项单项工程，形成全国重要生态系统保护和修复重大工程"1+N"的规划体系，囊括了山水林田湖草以及海洋等全部自然生态系统的保护和修复工作。这个"双重"规划发布以后，每年中央资金支持 100 个亿来做山水林田湖草沙项目，这样我们就有评估、有规划、有标准、有经费，且有大型工程的支撑，推广的尺度、力度将无法比拟。在重大工程实施的同时，各个地方也不断创新工作方式。如 2018—2020 年，广东省韶关市生态环境局委托生态环境部华南环境科学研究所对其大气和水环境治理工作进行评估。自第三方评估开展以来，韶关市各项环保攻坚任务稳步推进，生态环境质量持续改善。这种第三方评估的优势在于，可以从实际出发，查找目标差距，科学梳理对当前生态环境质量改善效果显著的重点工作。通过加大评分权重、分解目标任务、定期调度进展等方式督导地方加大力度推动重点工作落实，确保攻坚战方案中重点任务件件有着落。这样，不仅及时评估了当年生态环境治理工作的成效和不足，也有利于及时总结经验，发现问题，为下一年度工作安排提供支撑，有效保障了治污的科学性和延续性。

第三，系统提升生态环境监测现代化能力。我国生态环境部于 2020 年6 月发布的《生态环境监测规划纲要（2020—2035 年）》提出，要以加快构建科学、独立、权威、高效的生态环境监测体系为主线，紧紧围绕生态文明建设和生态环境保护，全面深化生态环境监测改革创新，全面推进环境质量监测、污染源监测和生态状况监测，系统提升生态环境监测现代化能力。如，要建立健全生态环境监测配套基础设施，集成卫星遥感、无人机、地面台站等技术手段，建立天地一体化的生态环境监测网络体系。强化卫星遥感等高新技术、先进装备与系统的应用，开展监测大数据分析，支撑生态监管与风险预警和防控。2020 年 9 月，生态环境部再次发布《关于推进生态环境监测体系与监测能力现代化的若干意见》，明确以"实现大监测、确保真准全、支撑大保护"发展思路，全面深化生态环境监测改革创新，推进环境质量、生态质量和污染源全覆盖监测，系统提升生态环境监测现代化能力，为构建现代生态环境治理体系奠定基础。这些指导理念和技术要求都对提高生态环境管理和生态文明建设的支撑服务水平，把生态文明建设落实和贯穿到高质量发展的全过程、全领域、各方面打开了思路，提供了指导。目前水利部门初步建立起"卫星遥感＋无人机监控＋手机 APP"的监管技术网，实现了"天空地人"立体化监管。在山东菏泽，生态环境大脑的指挥中心能够通过相关数据跨地域、跨层级、跨系统、跨部门、跨业务的互联互通与协同共享，其数据共享、信息交换和业务协同能力的提升，为政务数字化转型提供基础。在全面监测覆盖的基础上，菏泽市还融合了"云大物智遥"新技术，形成了统一的指挥调度中枢，即决策支持平台。

通过网格化布点实现监测区域全覆盖，利用大数据技术精准锁定污染区域和污染源，多技术的融合应用推动了生态环境监督管理从人防向技防转变，从粗放型向精细化转变，从被动应对向主动预见转变，从经验判断向科学决策转变。由此可见，通过全面提升环境监测监控质量水平，发挥了生态环境大脑的最大效益，为打赢蓝天保卫战、碧水攻坚战，改善环境质量、加快生态文明建设步伐提供全面支撑。

四、全面提高资源利用效率

生态环境问题，归根结底是资源过度开发、粗放利用、奢侈消费造成的。习近平总书记指出，"资源开发利用既要支撑当代人过上幸福生活，也要为子孙后代留下生存根基"[①]。要解决这个问题，就必须在转变资源利用方式、提高资源利用效率上下功夫。

（一）坚持节约集约循环利用的资源观

党的二十大报告指出，"实施全面节约战略，推进各类资源节约集约利用"，[②] 吹响了我国未来相当长一段时期资源利用工作的"冲锋号"。贯彻落实这一重要战略部署，首先必须全社会转变思想观念，坚持节约集约循环利用的资源观，推动资源利用方式根本转变，加强全过程节约管理，大幅提高资源利用综合效益。

坚持节约优先理念。这是实现全面节约和高效利用资源的基本前提。当前，我国能源利用方式仍比较粗放，节约潜力大。但现阶段我国能源消费中存在的首要问题就是节约意识不强，主观上对节约能源的重视不够，节能优先战略思想尚未融入全社会发展的各领域，全社会节能氛围尚未形成。破解

---

① 《推动形成绿色发展方式和生活方式　为人民群众创造良好生产生活环境》，《人民日报》2017年5月28日，第1版。

② 习近平：《高举中国特色社会主义伟大旗帜　为全面建设社会主义现代化国家而团结奋斗——在中国共产党第二十次全国代表大会上的报告》，人民出版社2022年版，第50页。

能源约束困境，根本的出路是实施节约与开发并举、把节约放在首位的能源发展战略。要树立节能是"第一能源"、节约就是增加资源的理念，始终把节约优先放在能源战略首要位置加以重视，养成行为自觉。要在生产、流通、仓储、消费各个环节实施节约，构建覆盖全面、科学规范、管理严格的资源总量管理和全面节约制度，推动经济社会实现绿色、高效、低碳发展。在江苏，快递使用的胶带宽度从5厘米缩减到3厘米，毫厘之间的"变化"体现了环保观念的提升。不仅如此，快递纸箱也在"瘦身"，所有网点都要求循环利用纸箱，对于无破损、不影响使用的快递纸箱可以"二次利用"发给下一位顾客，接受此方案的顾客可以减免包装费。对于破损严重无法再用的纸箱，邮局也积极引导顾客将其放入驿站的再生资源回收点。按照这样的做法，以2021年全国日均快递业务量突破3亿件算，每回收一个快递箱相当于减碳37克，每减少使用一个新纸箱相当于减碳902克，相当于2021年全国基于物流全链路共减碳超25万吨。正确处理人与自然关系，倡导合理消费，力戒奢侈浪费，让人民身体力行投入环保行动之中，形成有利于资源节约和高效利用的空间格局、产业结构、生产方式、消费模式，开创具有中国特色的新型工业化、城市化、信息化、农村现代化和绿色化发展道路。

坚持集约利用理念。这是实现全面节约和高效利用资源的内在要求。要坚持注重内涵的资源利用模式，摒弃外延扩张的粗放利用模式。在全面节约基础上，更加注重产出效率，更加注重集约效益，更加注重体制机制创新。把大幅提升能效水平作为满足需求增长的首要来源，大幅提升全社会技术效率、经济效率、系统效率、管理效率，加快全方位效率革命，推动工业、建筑、交通等领域能效水平达到世界先进水平。创新资源利用政策，加强与投资、财税、信贷、环保等政策的配套联动，努力减少单位产出的能源、水、土地、矿产等消耗，切实提高资源利用的综合效益。

坚持循环发展理念。这是实现全面节约和高效利用资源的重要途径。随着我国社会发展和经济规模的进一步扩大，能源需求的持续增加必然成为经济社会发展的瓶颈。人类选择循环经济发展模式，直接动因是化解经济发展所带来的日益严重的环境污染、生态破坏、资源枯竭矛盾，解决经济社会发展不可持续问题。要按照减量化、再利用、资源化的要求，从源头上减少生产、流通、消费各环节能源资源消耗和废弃物产生，改变"大量生产、大量消费、大量废弃"的传统发展模式和资源利用方式。加快构建循环型工业、农业和服务业体系，推动资源再生利用产业化，形成覆盖全社会的资源循环利用体系。鼓励和支持循环发展，提高资源利用效率，促进资源永续利用。

坚持市场配置理念。这是实现全面节约和高效利用资源的根本动力。要充分发挥市场在资源配置中的决定性作用，建立健全统一、竞争、开放、有序的资源产权市场，完善市场规则，健全市场价格，促进市场竞争，增强资源节约高效利用的内生动力。根据反映市场供求和资源稀缺程度、体现自然价值和代际补偿等因素，构建资源有偿使用制度，扩大资源有偿使用范围，提高有偿使用标准，通过市场方式抑制资源不合理占用和消费。此外，要坚持市场化改革，鼓励商业模式创新，释放市场红利、改革红利。创新现代治理模式，加强顶层设计、过程监督、事中事后监管，把能源、环境作为最重要的民生产品，推进公共产品普惠化、公平化。2022年，江苏溧阳为了着力用好"水资源"，依托苏皖合作示范区，变"政府买单"为"市场共担"，试点开展以水环境容量为重点的生态资源交易，建设跨区域生态产品交易市场，形成包括水资源在内的生态资源价值评估、核算交易和治理提升的完善机制，为"绿水青山就是金山银山"理念提供价值转换的"新路径"。

树立创新引领理念。这是实现全面节约和高效利用资源的重要支撑。要全面落实国家创新驱动发展战略，把全面节约和高效利用资源融入"大众创业、万众创新"的洪流中，真正使经济发展从过度依赖自然资源的模式中解脱出来。创新投资、人才机制，推进资源开发科技攻关和示范，用科技创新成果引领资源利用方向和未来。2021年，无锡开建"零碳科技园"，力争打造长三角乃至全国知名的零碳技术集聚区、产业示范区。在这一22平方公里的片区内，分布式屋顶光伏系统、中低压交直流混联配电房、储能系统、充换电设施和新型电力系统区域微电网等绿色低碳技术都在积极落地中。在这其中，政府部门应当主动增强服务意识，激励企业进行绿色技术创新，加强企业环境治理技术指导。如未来，可充分考虑西部地区丰富的可再生能源和充裕的绿色电力，统筹全国资源环境和要素禀赋，加强引导全国范围内的产业转移和产业布局。

（二）推进能源资源全面节约

节约能源资源是保护生态环境的根本之策。习近平总书记指出："推进生态文明检核，解决资源约束趋紧、环境污染严重、生态系统退化的问题，必须采取一些硬措施真抓实干才能见效。"[①]要把节约集约循环利用的资源观全面贯彻落实到经济社会发展的各个方面和各个环节，确保全面促进节约资源取得重大进展。

推进能源资源全面节约。强化能源和水资源消耗、建设用地等总量和强度双控行动，实行最严格的耕地保护、节约用地和水资源管理制度。一半宅基地分散在万亩粮田里，这样的分散居住形式，不仅不利于农村集体建设用地的集约节约利用，还影响万亩粮田的规模化经营，有损其整体风貌……在上海，金山区廊下镇以散并块，腾挪空间节约集约土地，这也是上海市第一个实施落地的跨村宅基地平移集中归并试点。南塘村、景阳村、山塘村、南陆村和友好村 5 个行政村 597 户农民在勇敢村 345 亩土地上跨村相对集中居住，腾挪优化郊区空间布局。在安置小区，融入当地农村的民居特色元素"白墙、黛瓦、观音兜"，让农民找到熟悉的乡愁感觉。上海一方面追求用地效益高线，另一方面守牢耕地保护红线。通过两轮减量化三年行动，上海已累计增加 36.4 平方公里耕地，支撑了上海耕地保护任务落实。如同土地资源的高质量运用，我国实施国家节水行动，完善水价形成机制，推进节水型社会和节水型城市建设；健全节能、节水、节地、节材、节矿标准体系，大幅降低重点行业和企业能耗、物耗，推行生产者责任延伸制度，实现生产系统和生活系统循环链接；鼓励新建建筑采用绿色建材，大力发展装配式建筑，提高新建绿色建筑比例；以北方采暖地区为重点，推进既有居住建筑节能改造；积极应对气候变化，扎实推进全国碳排放权交易市场建设，统筹深化低碳试点等一系列措施都成为各地"十四五"时期积极政策调整的重要方面。

---

① 中共中央文献研究室:《十八大以来重要文献选编》（中），中央文献出版社 2016 年版，第 782 页。

推动资源利用方式根本转变。资源是增加社会生产和改善居民生活的重要支撑，节约资源的目的并不是减少生产和降低居民消费水平，而是使生产相同数量的产品能够消耗更少的资源，或者用相同数量的资源能够生产更多的产品、创造更高的价值，使有限资源能更好满足人民群众物质文化生活需要。只有通过资源的高效利用，才能实现这个目标。因此，转变资源利用方式，推动资源高效利用，是节约利用资源的根本途径。例如，推进能源利用方式革命，扎实推进能源梯级利用、替代利用和清洁利用，推动工业余热暖民工程，加强低品位余能利用。梯级利用是指按能源品质高低，充分回收余热余压等实现能源逐级利用；替代利用是用清洁能源替代煤炭；清洁利用是指提高能源自身的清洁化水平。要通过科技创新和技术进步深入挖掘资源利用效率，促进资源利用效率不断提升。一方面，要大幅降低能源、水、土地等资源消耗强度；另一方面，要推进以节能降耗为主要目标的技术改造，如抓好诸如钢铁、有色金属、电力、建材等高耗能行业和企业的技术改造，强制淘汰落后技术、工艺和产品，降低这些行业的资源消耗水平。此外，提升新能源消纳和储存能力或将成为未来重点任务，新能源汽车、分布式光伏电站、储能设施值得关注。在2022年5月发布的《上海市资源节约和循环经济发展"十四五"规划》中，上海为了稳步提升资源综合利用效率和能级，"加快推进奉贤、南汇、金山等地区海上风电基地建设，积极推进百万千瓦级深远海域风电示范试点，力争新增风电装机规模180万千瓦。创新光伏开发建设机制，推动光伏在农业、市政设施等领域规模化运用，力争新增装机规模270万千瓦"。由此，通过优化能源结构，实现资源高效利用，努力用最少的资源消耗支撑经济社会发展。

提高能源资源效率。节约能源是节约资源的最重要组成部分，资源节约必然要求高度重视和加强能源节约。我国能源储量不足与经济社会发展对能源需求量巨大的客观现实，决定了在我国节约能源更加重要、更加必要、更加迫切。必须把节约能源放在全面促进资源节约工作的突出位置，大力推动能源生产和消费革命，控制能源消费总量，加强节能降耗，支持节能低碳产业和新能源、可再生能源发展，确保国家能源安全。"十四五"规划把"十三五"规划中坚持节约优先，树立节约集约循环利用的资源观，修正为完善市场化、多元化生态补偿，推进资源总量管理、科学配置、全面节约、循环利用，即使用市场化改革来推动资源利用效率的提升。因此，一方面，应进一步健全法律法规，加强政策引导。制定和修订有关促进能源资源有效利用的法律法规，同时运用财税、价格等政策手段，如加快能源资源价格改革，发挥市场机制和价格杠杆作用，健全矿产资源消耗补偿机制。另一方面，通过制定实施"节能型"消费政策，大力倡导节能消费、绿色消费。通过扩大实施强制性能效标识管理范围，加强节能产品认证，引导用户和消费者购买节能型产品，同时研究试行强制政府采购节能产品的办法。通过形成全社会自觉节约资源的体制机制，促进能源资源的节约和有效利用。

（三）大力发展循环经济

循环经济思想是 20 世纪 60 年代中期，美国经济学家 E.鲍尔丁在其"宇宙飞船理论"中提出的，他认为，地球就像一艘在太空中飞行的宇宙飞船，要靠不断消耗和再生自身有限的资源而生存，如果不合理开发资源，肆意破坏环境，就会走向毁灭。在发表的《宇宙飞船经济观》一文中，鲍尔丁把污染视为未得到合理利用的"资源剩余"。当前，面对当前严峻的资源和环境问题，为了实现人类可持续发展，需要改变传统经济的运行模式，努力实现资源的再循环、再利用。这就是循环经济模式。

作为经济发展理论的重要突破，循环经济克服了传统经济理论割裂经济与环境系统的弊端，强调要以与环境友好的方式最有效地利用资源和保护环境。在资源投入、企业生产、产品消费及其废弃的全过程，运用生态学规律重构经济系统，把生态设计、资源及其废物的综合利用、清洁生产以及可持续消费等融为一体，将传统的"资源—产品—废弃物排放"的开环式经济转变为"资源—产品—废弃物—再生资源"的闭环式经济。这种经济发展方式，使得生产和消费"污染排放最小化、废物资源化和无害化"，不仅能以最小的成本获得最大的经济效益和环境效益，而且能使经济系统和谐地纳入自然生态系统的物质循环，实现经济活动的生态化转向，从而实现经济增长与社会进步的协调持续发展。

如今，循环经济已经是国际社会推进可持续发展的一种实践模式。在我国，一方面，传统的经济发展模式已使有限资源大量消耗，环境生态日益恶化；另一方面，当前我国正处于实现中华民族伟大复兴的关键时期，为了实现我国经济的健康、快速和可持续发展，要紧紧抓住重要战略机遇期，大力发展循环经济，按照"减量化、再利用、资源化"原则，采取各种有效措施，以尽可能少的资源消耗和尽可能小的环境代价，取得最大的经济产出和最少的废物排放，实现经济效益、环境效益和社会效益相统一。

一是以科技为支撑，积极调整能源结构。加快建立技术创新体系是发展循环经济的关键，发展循环经济必须解决循环生产技术问题。研究开发和推广应用资源综合利用、资源节约、资源替代等先进技术。北京正是通过全力推进煤炭清洁替代，提升清洁能源供应保障能力，加快可再生能源开发利用，持续提升能源利用效率……使得能源结构实现历史性清洁化变革，以滚石上山之力跑出了空气质量持续好转的"加速度"。因此，"十四五"时期，各地要积极发挥能源科技的功能，针对风能、潮汐能、太阳能等可再生能源，加强技术创新与研究，吸收发达国家成熟的能源开发技术和经验，大力开拓可再生能源市场，促进清洁能源的产业化发展，降低可再生能源开采和转化的生产成本，提高可再生能源的综合发展效益，优化能源生产和能源消费组合，为能源、经济与环境协调发展创造活力。比如，建筑垃圾中的土、渣土、废钢筋、废铁丝和各种废钢配件、金属管线废料、废竹木、木屑、刨花、各种装饰材料的包装箱和包装袋、散落的砂浆和混凝土、碎砖和碎混凝土块以及搬运过程中散落的黄砂、石子和块石等，约占建筑施工垃圾总量的80%。这些垃圾中的许多废弃物经过分拣、剔除或粉碎后，大多可作为再生资源重新利用。除了砖、瓦经清理可以重复使用外，废钢筋、废铁丝、废电线和各种废钢配件等金属，经分拣、集中、重新回炉后，可以再加工制造成各种规格的钢材；废竹木材可以用于制造人造木材；砖、石、混凝土等废料经破碎后，则不仅可以代砂，用于砌筑砂浆、抹灰砂浆、打混凝土垫层等，而且可用于制作砌块、铺道砖、花格砖等建材制品；废砖、瓦、混凝土经破碎、筛分分级、清洗后，可以作为再生骨料配制低标号再生骨料混凝土，该混凝土可用于地基加固、道路工程垫层、室内地坪及地坪垫层、非承重混凝土空心砌块、混凝土空心隔墙板或蒸压粉煤灰砖等。要实现这种循环经济，应当努力增加公共财政扶持力度，积极引进和推广国内外先进的技术，加强企业对新能源技术的创新性研究，提高自主创新能力，缩小与国际能源技术的差距，实现能源技术高效快速发展。此外，还要及时做好科研成果转化。

二是调整和优化产业结构，促进低能耗产业的发展。发展循环经济是节约资源的有效形式和重要途径。经济发展方式从粗放型向集约型转变是调整和优化产业结构的重要途径。要按照减量化、再利用、资源化原则，注重从源头上减少进入生产和消费过程的物质量以及物品完成使用功能后重新变成再生资源。其一，政府要不断地调整和优化经济结构。根据产业结构及能源消费特点，以资源型产业低碳转型、新兴产业低碳发展为基本原则，以提高资源能源利用效率和降低污染排放强度为核心，通过技术创新、生产工艺改进和清洁生产审核等措施，对传统资源型产业进行生态化改造，促进资源型产业低碳发展。其二，对于从事节能研发和设备制造的企业，可考虑适当简化其审批程序、开辟绿色通道，降低企业的审批成本，提高其节能研发和制造的积极性。其三，加强对高新技术、低耗能企业的资金投入，健全投融资服务体系，适当降低节能研发和节能制造企业贷款资金利率。

三是发展循环经济，转变经济发展方式。在我国能源消费的现状下，要加强资源节约和环境保护，依靠科技进步，发展循环经济，将能源生产和能源消费有机结合起来，克服环境资源约束，减轻因经济发展对能源与环境所产生的压力，促进经济发展方式由粗放型向集约型转变，有利于实现能源、经济与环境的协调发展。例如合理控制能源消费总量和煤炭消费，实施煤炭消费替代工程，通过有序推进煤改气、煤改电等措施，进一步降低煤炭消费比重。不断提高清洁能源消费比重，通过风火打捆、风光互补、风电供热等多种措施，加强风电、光电等能源就地消纳利用。这些不仅能不断延长能源产业链，推动节能产业等相关产业的发展，而且有利于社会的良性运行和协调发展。

四是加快发展服务业和战略性新兴产业。把发展服务业和战略性新兴产业作为产业结构优化升级的重点，促进新兴科技与新兴产业深度融合，改善经济增长的质量和效率，优化能源、经济、环境系统。一方面，大力发展新能源、节能环保、先进装备制造等新兴产业，形成低能耗、低污染、低排放的产业体系，努力实现产业低碳化、低碳产业化，为从源头打赢污染防治攻坚战奠定坚实基础。2022 年 5 月，深圳发布《深圳市关于推动新材料产业集群高质量发展的若干措施 (征求意见稿)》，其中明确 "将重点支持新能源材料、电子信息材料、生物医用材料、先进金属材料、高分子材料、绿色建筑材料、前沿新材料等领域"。这充分表明新材料将是新一轮科技革命和产业变革的基石与先导。加快新材料产业发展，有利于推动传统产业转型升级和战略性新兴产业发展。与此同时，广州也发布《广州市商务发展 "十四五" 规划》，其中提到 "重点引进新一代信息技术、智能与新能源汽车、生物医药与健康产业、智能装备与机器人、轨道交通、新能源与节能环保、新材料与精细化工、数字创意等战略性支柱产业和优势产业项目"。另一方面，要加快建立绿色低碳供应链，以推广节能环保产品拉动消费需求，以优化政策和市场环境释放内需潜力，实施节能减排重点工程，推广第三方污染治理等市场化新机制，将节能环保产业培育成生机勃勃的朝阳产业。

五是依法推进循环经济模式。这是发展循环经济的保障。国家应加快建立完善循环经济法律法规体系，政策支持体系和技术创新体系。通过建立有效的激励和约束机制，建立循环经济评价指标体系，制订循环经济发展中长期战略目标和分段推进计划，加大科研投入等，推动循环生态技术的研发与产业化。此外，要倡导健康文明的消费模式。通过广泛开展能源资源节约宣传教育，表彰先进典型，大力倡导节约风尚，让节能、节水、节材、节粮、垃圾分类回收、减少一次性用品的使用逐步变成每个公民的自觉行动，形成节约能源资源、保护环境的良好社会风尚。

（四）倡导勤俭节约的生活方式

勤俭节约是中华民族的传统美德，是践行社会主义核心价值观的生动体现。推进绿色发展，贵在实际行动。党的十九大报告指出："推进资源全面节约和循环利用，实施国家节水行动，降低能耗、物耗，实现生产系统和生活系统循环链接。倡导简约适度、绿色低碳的生活方式，反对奢侈浪费和不合理消费，开展创建节约型机关、绿色家庭、绿色学校、绿色社区和绿色出行等行动。"①2020 年 8 月，习近平总书记对制止餐饮浪费作出重要指示，强调"要坚决制止餐饮浪费行为""切实培养节约习惯，在全社会营造浪费可耻、节约为荣的氛围"②。习近平总书记的号召旨在倡导勤俭节约的生活方式，以共同应对日益严重的资源危机，进而促进社会的健康可持续发展。

加强模范引领，继续弘扬勤俭节约传统美德。古人云："俭，德之共也；侈，恶之大也。"勤俭节约一直都是我们中华民族的优良传统，是我们修身、齐家、治国之道。贤哲们都主张过一种简朴的生活，以便不为物役，保持精神的自由。然而，随着我们生活水平的不断提高和互联网新事物的不断出现，各种好面子讲排场的不良风气逐步滋生，还有人认为"在物质日益丰富的今天，提倡勤俭节约似乎不太合乎时宜""没有消费，哪有生产？""倡导节约会造成生产停滞、市场低迷"。这种观点就进一步导致浪费越来越严重。事实上，进入 21 世纪以来，席卷全国的能源紧张态势，让越来越多的人明显感受到我国经济正饱受着资源短缺的约束之痛。2021 年 9 月，东北多地拉闸限电正说明这一现状的严重性，即资源不足或已成为中国经济发展的最大瓶颈。大自然可以满足人的基本需要，但是无法满足人的贪欲。正因为地球资源的有限，人类需求的无限，"节约"就成为有限与无限之间的平衡点。2021 年 5 月 22 日，"杂交水稻之父"、中国工程院院士、"共和国勋章"获得者袁隆平的逝世再次激发国人要节约粮食，拒绝浪费的朴素情感。我们应发挥英雄模范、先进典型、党员干部，甚至是志愿者的示范引领作用，依托新时代文明实践中心、基层党群服务中心，坚持把弘扬勤俭节约的传统美德贯穿始终，积极培养广大群

---

① 习近平：《决胜全面建成小康社会　夺取新时代中国特色社会主义伟大胜利》，《人民日报》2017年 10 月 28 日，第 1 版。

② 《习近平作出重要指示强调：坚决制止餐饮浪费行为切实培养节约习惯　在全社会营造浪费可耻节约为荣的氛围》，《人民日报》2020 年 8 月 12 日，第 1 版。

众崇尚节约、厉行节约的良好习惯，做俭以养德、俭以修身的践行者。

加强宣传教育，营造浓厚氛围。我们党取得今天如此不凡的成就与我们一路走来的艰苦奋斗、勤俭节约密不可分。勤俭节约是我们党发展壮大的重要保障，也是我们继往开来，再创辉煌的重要保障。作为 21 世纪的中国建设者，时代赋予我们不可推卸的责任，面对我国资源缺乏的严峻形势，充分认识资源供给不足已成为经济社会发展和全面建成社会主义现代化强国的重要制约因素，从有效开发和利用资源出发，崇尚节俭、适度消费的理念，牢固树立资源危机意识、勤俭节约意识和节约资源人人有责意识。一是要把倡导文明健康绿色环保生活方式融入文明培育。推动各级各类媒体深度报道倡导文明健康绿色环保生活方式的目的意义、工作举措、经验做法，大力选树和宣传群众身边的榜样模范，宣传以勤俭节约为荣、以铺张浪费为耻的思想观念和经验做法。深入推进文明风尚行动，引导人们在传承优秀传统文化、反对餐饮浪费行为、提升文明旅游素质、增强文明交通意识、加强网络文明建设中厚植文明健康理念、践行绿色环保生活。二是要把倡导文明健康绿色环保生活方式融入文明创建。发挥各文明创建作用，以创建促观念转变、促生活方式改革；发挥青年志愿者生力军作用，从文明餐桌、文明出行、文明娱乐、环境卫生、心理健康等方面入手，从娃娃抓起，从小事做起，引导公民力戒奢侈浪费和不合理消费，逐步培育良好生活方式和健康生活习惯。三是要利用现代信息技术手段，把勤俭节约潜移默化为公众一种不需要刻意强调的生活方式，彻底融入我们的生活中。例如，我们可以完善演播大厅、体育场馆、文化中心等公共文化设施文明指引，引导观众改正大声喧哗、接打电话、跑动打闹、拥挤插队、丢弃杂物、侮辱谩骂、污损展陈品等文明失范行为，也可以利用这些信息手段培养公众勤俭节约的生活作风。

加强监督管理，提供法规保障。要想建立长效机制，还得采取有效措施。一是要加强立法。制定颁布《野生动物保护管理条例》，加大对农贸市场、餐饮行业督导检查力度，从源头上防范滥食野生动物问题。二是要强化监管，加大执行力度。"一分部署，九分落实。"例如，严格执行绿色建筑标准，推进绿色建筑行动；严格执行节能环保产品强制采购制度，推进绿色办公行动；

通过推广应用共享自行车、新能源汽车，推进绿色出行行动；通过推进节水、节电、节气，坚持节约粮食、食材、食品，推进绿色食堂行动等。再如，进一步加大治理环境污染的工作力度，不断提高环境质量。推动实施《文明行为促进条例》，坚决杜绝随地吐痰、乱丢垃圾、公共场所吸烟、不文明养犬等行为，健全生活垃圾分类工作激励、奖惩机制，将垃圾分类纳入文明城市、卫生城市测评等重要内容中。三是要完善公众参与制度，加大各类环境信息公开力度，构建政府企业公众共治的绿色行动体系。如今，要在全体公民中树立"清新空气、干净水质、优美环境——人们越来越期盼；绿色发展、低碳发展、循环发展——我们任重而道远"的目标指向，推进绿色发展，人人有责、人人尽力、人人可为、人人共建、人人共享。无论是政府，还是社会组织和个人，都要坚持知行合一、从我做起，都要坚持步步为营、久久为功，为实现蓝天常在、青山常在、绿水常在，建设美丽中国作出新的贡献。

第 五 章

以最严格的制度最严密的法治保障生态文明建设

制度、法治是人类文明的结晶，以其规范性、稳定性、可预期性和权威性特征，成为规范人类社会有序和谐运行的基本手段。保护生态环境必须依靠制度，依靠法治。习近平总书记明确指出："要健全党委领导、政府主导、企业主体、社会组织和公众共同参与的现代环境治理体系，构建一体谋划、一体部署、一体推进、一体考核的制度机制。"[①] 只有实行最严格的制度、最严密的法治，才能为生态文明建设提供可靠保障。

一、加强制度建设是美丽中国建设的必然要求

奉法者强则国强，奉法者弱则国弱。制度、法治是社会和谐有序运行的基本规则，保护生态环境、建设生态文明，重在建章立制，从而有效处理生态文明建设中的各种复杂关系，对人们的行为进行有效的规范，确保生态文明建设的效果。

当今，现代社会发展进入"快车道"，如果没有制度作为保障，正如高速公路没有车道和护栏一样，后果将不堪设想。改革开放以来特别是党的十八大以来，我国制定出台和修订完善一系列关于生态文明建设的制度规定和法律法规，生态文明制度体系日趋完善，生态文明制度的"四梁八柱"已经基本形成，推动生态环境质量持续好转，我国生态文明建设成效显著。

2012 年党的十八大报告就明确提出，要把生态文明制度建设质量放在首位，协调各项体制机制，推动形成人与自然协调发展的现代化新局面。2013年 11 月，党的十八届三中全会提出，"必须建立系统完整的生态文明制度体系，实行最严格的源头保护制度、损害赔偿制度、责任追究制度，完善环境治理

---

① 《习近平谈治国理政》第四卷，外文出版社 2022 年版，第 366 页。

和生态修复制度，用制度保护生态环境"，要"紧紧围绕建设美丽中国深化生态文明体制改革"。①2013年12月，习近平在中央经济工作会议上进一步指出，"生态文明领域改革，三中全会明确了改革目标和方向，但基础性制度比较薄弱，形成总体方案还需做些功课"②。

2014年10月，党的十八届四中全会党中央首次以全会形式专题研究部署全面推进依法治国这一基本方略，要求"用严格的法律制度保护生态环境，加快建立有效约束开发行为和促进绿色、循环、低碳发展的生态文明法律制度"③。

2015年9月，中共中央审议通过了《生态文明体制改革总体方案》，该方案明确了生态文明体制改革的理念、原则和路线图，是一份统率我国生态文明体制改革的纲领性文件。提出构建"由自然资源资产产权制度、国土空间开发保护制度、空间规划体系、资源总量管理和全面节约制度、资源有偿使用和生态补偿制度、环境治理体系、环境治理和生态保护市场体系、生态文明绩效评价考核和责任追究制度等八项制度构成的产权清晰、多元参与、激励约束并重、系统完整的生态文明制度体系"。

在上述探索的基础上，党的十九大报告提出，"加快生态文明体制改革，建设美丽中国"④，提出了很多具体的任务，明确指出，要"加强对生态文明建设的总体设计和组织领导，设立国有自然资源资产管理和自然生态监管机构，完善生态环境管理制度，统一行使全民所有自然资源资产所有者职责，统一行使所有国土空间用途管制和生态保护修复职责，统一行使监管城乡各类污染排放和行政执法职责。构建国土空间开发保护制度，完善主体功能区配套政策，建立

---

① 《中共中央关于全面深化改革若干重大问题的决定》，《人民日报》2013年11月16日，第1版。

② 中共中央文献研究室：《习近平关于社会主义生态文明建设论述摘编》，中央文献出版社2017年版，第103页。

③ 《中共中央关于全面推进依法治国若干重大问题的决定》，《人民日报》2014年10月29日，第1版。

④ 习近平：《决胜全面建成小康社会 夺取新时代中国特色社会主义伟大胜利——在中国共产党第十九次全国代表大会上的报告》，人民出版社2017年版，第50页。

以国家公园为主体的自然保护地体系。坚决制止和惩处破坏生态环境行为"①。

2018 年 3 月 11 日，第十三届全国人民代表大会第一次会议表决通过了中华人民共和国宪法修正案，将"生态文明"写入宪法，使之有了宪法保障。2018 年 6 月，《中共中央　国务院关于全面加强生态环境保护　坚决打好污染防治攻坚战的意见》提出，深入贯彻习近平生态文明思想，必须"坚持用最严格制度最严密法治保护生态环境。保护生态环境必须依靠制度、依靠法治。必须构建产权清晰、多元参与、激励约束并重、系统完整的生态文明制度体系，让制度成为刚性约束和不可触碰的高压线"。这样，我们就将"坚持用最严格制度最严密法治保护生态环境"确立为我国社会主义生态文明建设必须坚持的重大原则。

2019 年 11 月，党的十九届四中全会通过了《中共中央关于坚持和完善中国特色社会主义制度　推进国家治理体系和治理能力现代化若干重大问题的决定》，提出进一步坚持和完善生态文明制度体系，促进人与自然和谐共生，用制度推进与保障生态文明建设，持续完善生态环境治理体系，实行最严格的生态环境保护制度，全面建立资源高效利用制度，健全生态保护和修复制度，严明生态环境保护责任制度等四个领域的制度，并将其作为实现国家治理现代化的重要战略部署。

2020 年 10 月，党的十九届五中全会通过了《中共中央关于制定国民经济和社会发展第十四个五年规划和二〇三五年远景目标的建议》，强调要"完善生态文明领域统筹协调机制""建立地上地下、陆海统筹的生态环境治理制度""完善中央生态环境保护督察制度""健全自然资源资产产权制度和法律法规"等，进一步对生态文明制度建设进行部署。

自 2021 年 1 月 1 日起施行的《中华人民共和国民法典》，开篇就规定，民事主体从事民事活动，应当有利于节约资源、保护生态环境。《中华人民共和国民法典》的相关条文，既充分反映了人民群众对良好生态环境的向往，

---

① 习近平：《决胜全面建成小康社会　夺取新时代中国特色社会主义伟大胜利——在中国共产党第十九次全国代表大会上的报告》，人民出版社 2017 年版，第 51 页。

也体现了新时代对公民的要求。

2023 年 12 月公布的《中共中央国务院关于全面推进美丽中国建设的意见》明确指出要"深化生态文明体制改革，一体推进制度集成、机制创新。强化美丽中国建设法治保障"①。

尽管这些年，我国生态文明制度建设取得了长足进展，但并非十全十美，在实践中仍旧存在一系列问题。习近平总书记指出，"我国生态环境保护中存在的突出问题大多同体制不健全、制度不严格、法治不严密、执行不到位、惩处不得力有关"②。具体来看，主要有以下几方面：

一是法律制度质量不高。环境保护法律法规多是应急立法，工具性色彩浓厚，笼统规定多、可操作性不足；体系不完善，协调性不足、配套性差，甚至相互矛盾；强制措施"疲软"；修法不及时，跟不上形势发展、落后于法律实施的需要，甚至存在大量立法空白。这些问题的存在导致环境侵权事件频发，出现有法不依、执法违法，守法成本高、违法成本低等一系列问题。任其发展下去，必将严重阻碍生态文明建设。

二是一些法律制度缺失。"凡属重大改革都要于法有据。"法律是红线、法治是底线，对于突破法律底线的行为，必须做出相应的制裁，我国生态文明建设是前无古人的事业。完成这样伟大的事业，没有制度法治的保障，肯定是难以完成的。但当前，我国在生态文明的制度法律建设方面还存在法律制度缺失的问题，无法有效满足建设美丽中国所需的制度法律需求。

三是法律制度落实不力。环境执法主体不统一、权限受制，执法队伍能力不足、权力寻租严重，地方保护主义和部门保护主义相当普遍，变相执法、执法违法现象屡禁不止，生态环境案件立案难、取证难、胜诉难、执行难的问题较为突出，一些重大污染环境和破坏生态环境的行为得不到追究。政府在环保方面的越位、缺位和错位行为常发，环境执法不力、腐败现象群发高发，一些领导干部为片面追求 GDP 增长，不惜牺牲资源环境，行政执法弄虚作假、

①《中共中央国务院关于全面推进美丽中国建设的意见》，《人民日报》2024 年 1 月 12 日，第 1 版。
②《习近平谈治国理政》第三卷，外文出版社 2020 年版，第 363 页。

随意性大现象突出，有的甚至把环保公权力变成污染大户的"保护伞"，导致污染环境者不能受到应有的惩罚，破坏生态环境行为泛滥猖獗，严重危害到人民群众身心健康，严重影响到党和政府的形象，激化党群、干群矛盾，甚至引发群体性事件。

因此，面对这一系列问题，推进我国生态文明建设，就必须建立一整套更加完备、更加稳定、更加管用的制度体系，要按照推进国家治理体系和治理能力现代化的总体部署，把生态文明制度体系纳入中国特色社会主义制度体系之中，与政治制度、经济制度及其他各方面制度体制机制一同系统谋划、整体推进、协调建设，从而为美丽中国建设提供坚强制度保障，让中华大地天更蓝、山更绿、水更清、环境更优美。

二、加快制度创新、增加制度供给

制度带有全局性、稳定性，管根本、管长远。新时代，要坚持用最严格制度最严密法治保护生态环境，要从法律法规、标准体系、体制机制以及重大制度安排入手进行总体部署，使生态文明建设进入规范化、制度化的轨道。习近平总书记指出："推动绿色发展，建设生态文明，重在建章立制，用最严格的制度、最严密的法治保护生态环境。要加快自然资源及其产品价格改革，完善资源有偿使用制度。要健全自然资源资产管理体制，加强自然资源和生态环境监管，推进环境保护督察，落实生态环境损害赔偿制度，完善环境保护公众参与制度。"[①] 党的十八大以来，我国把制度建设作为推进生态文明建设的重中之重，通过全面深化改革，加快推进生态文明顶层设计和制度体系建设，相继出台《关于加快推进生态文明建设的意见》《生态文明体制改革总体方案》，制定了一系列涉及生态文明建设的改革方案，从总体目标、基本理念、主要原则、重点任务、制度保障等方面对生态文明建设进行全面系统部署安

---

① 中共中央文献研究室：《习近平关于社会主义生态文明建设论述摘编》，中央文献出版社 2017 年版，第 110 页。

排，使制度成为刚性的约束和不可触碰的高压线。

（一）加强党对生态文明建设领导的相关制度建设

加快推进生态文明建设是加快转变经济发展方式、提高发展质量和效益的内在要求，是实现中华民族伟大复兴中国梦的时代抉择，也是积极应对气候变化、维护全球生态安全的重大举措。但如何建设和发展社会主义生态文明，必须坚持一定的基本原则。党政军民学，东西南北中，党是领导一切的。众所周知，中国之所以在生态文明建设上取得显著成效，最根本的原因就是始终坚持把中国共产党的领导落实到生态文明建设的全过程和各领域，让中国共产党成为总揽生态文明建设全局和协调各方利益的最高政治领导力量。正是在中国共产党的领导下，中国对生态文明建设越来越重视，推进越来越强劲，成效越来越显著，认同越来越广泛。因此，新时代加强生态文明制度建设，最根本的就是要完善党对生态文明建设领导的相关制度，始终确保党对生态文明建设的绝对领导。

一要完善各级党委的生态责任制度，压实各级党委的生态责任。生态环境保护能否落到实处，关键在领导干部。习近平总书记指出："一些重大生态环境事件背后，都有领导干部不负责任、不作为的问题，都有一些地方环保意识不强、履职不到位、执行不严格的问题，都有环保有关部门执法监督作用发挥不到位、强制力不够的问题。"[①] 因此，必须完善各级党委的生态责任制度。因为在中国特殊的政治母体中，党委抓生态文明建设的主体责任，是法定之责，更是各级党委必须种好的"政治责任田"。习近平总书记指出："地方各级党委和政府主要领导是本行政区域生态环境保护第一责任人，对本行政区域的生态环境质量负总责，要做到重要工作亲自部署、重大问题亲自过问、重要环节亲自协调、重要案件亲自督办，压实各级责任，层层抓落实。"[②] 各级党的组织和党员领导干部要以身作则，树立"不抓生态文明建设就是失职，

---

① 《让绿水青山造福人民泽被子孙——习近平总书记关于生态文明建设重要论述综述》，《人民日报》2021年6月3日，第1版。

② 习近平：《论坚持党对一切工作的领导》，中央文献出版社2019年版，第248页。

抓不好生态文明建设就是渎职"的意识，要将生态文明建设的成效与党的建设有机结合起来，压实各级责任，层层抓落实，切实把党委主体责任放在心里、抓在手中、落实在行动上，为生态文明建设提供坚实的保障。

二要落实最严格的责任追究制度。习近平总书记指出："在生态保护问题上，就是要不能越雷池一步，否则就应该受到惩罚。"[①]"对那些不顾生态环境盲目决策、造成严重后果的人，必须追究其责任，而且应该终身追责。"[②]"要实施最严格的考核问责。'刑赏之本，在乎劝善而惩恶。'对那些损害生态环境的领导干部，只有真追责、敢追责、严追责，做到终身追责，制度才不会成为'稻草人'、'纸老虎'、'橡皮筋'。"[③]要坚持环境保护"党政同责"和"一岗双责"，将党委领导纳入追责对象，坚持谁决策、谁负责，按照依法依规、客观公正、科学认定、权责一致、终身追究的原则，针对决策、执行、监管中的责任，对造成生态环境损害和负有责任的单位、个人追责问责，对推动生态文明建设工作不力的，要及时诫勉谈话；对不顾资源和生态环境盲目决策、造成严重后果的，要严肃追究有关人员的领导责任；对履职不力、监管不严、失职渎职的，要依纪依法追究有关人员的监管责任，不能把一个地方环境搞得一塌糊涂，然后拍拍屁股走人，官还照当，不负任何责任。

三要严格实行自然资源资产离任审计制度。对领导干部实行自然资源离任审计，是党的十八届三中全会《中共中央关于全面深化改革若干重大问题的决定》提出的一项重要改革举措。2017年6月，两办印发了《领导干部自然资源资产离任审计规定（试行）》，该项审计工作进入了全面推开阶段，实现了党中央对我国领导干部监督工作的进一步创新深化，也表征着该项经常性的审计制度正式建立。2019年党的十九届四中全会通过的《决定》重申要坚持该项审计工作，这是推进我国生态文明体系进一步成熟定型的重要之举。对地方各级党委、政府主要领导干部在任期间资源环境保护进行审计，算总

---

① 《习近平总书记系列重要讲话读本》，学习出版社、人民出版社 2014 年版，第 209 页。

② 《习近平谈治国理政》第三卷，外文出版社 2020 年版，第 364 页。

③ 《让绿水青山造福人民泽被子孙——习近平总书记关于生态文明建设重要论述综述》，《人民日报》2021 年 6 月 3 日，第 1 版。

账，包括：自然资源资产管理和环境保护约束性指标、生态红线考核指标、目标责任制完成情况；自然资源管理和生态环境保护法律法规、政策措施执行情况；自然资源资产开发利用保护情况；自然资源资产开发利用和生态环境保护资金的征收、管理和分配使用情况，相关重大项目建设运营情况；环境保护预警机制建立和执行情况，以及任职期间重大生态环境污染事件处理情况等。

四要建立完善体现生态文明要求的科学的评价考核体系。科学的考核评价制度犹如"指挥棒"。推进生态文明建设，最重要的是完善经济社会发展评价考核体系，把资源消耗、环境损害、生态效益等体现生态文明建设状况的指标纳入经济社会发展评价体系，从源头上为生态文明建设作出顶层设计，使之成为推进生态文明建设的重要导向和约束。2018 年 5 月 18 日，习近平总书记在全国生态环境保护大会上强调："要建立科学合理的考核评价体系，考核结果作为各级领导班子和领导干部奖惩和提拔使用的重要依据。"[①] 要把生态环境目标和经济发展目标结合起来，统筹考虑、综合决策，改变现有的"唯GDP 至上"的经济社会发展评价体系，将统一的环境保护指标和生态文明建设水平指标纳入各级干部的政绩考核体系，把经济发展中资源能源、环境的代价权重充分体现出来，既要看经济增长的质量、数量，又要看生态、环境的治理和保护，还要考核能源、资源的消耗。因此，我们可以在全国统一的考评指标基本上，针对不同行业、区域、层次的特点和实际，结合主体功能区资源环境问题的差异性，设计不同层次、各有侧重的目标指标。同时要将考核结果作为各级领导班子和领导干部奖惩和提拔使用的重要依据，把考核结果与对干部的教育培训和管理监督结合起来，并以此作为评价干部政绩和干部升迁去留的主要参考指标之一，从而激发各级政府部门、广大干部的工作积极性、主动性和创造性，促进节能减排、环境保护和生态建设，形成推进生态文明建设的强大动力。

---

① 《让绿水青山造福人民泽被子孙——习近平总书记关于生态文明建设重要论述综述》,《人民日报》2021 年 6 月 3 日, 第 1 版。

（二）建立健全生态文明制度体系的基本内容

构建系统完备的生态文明制度体系，需要尽快将生态文明制度的"四梁八柱"建立起来，形成产权清晰、多元参与、激励约束并重、系统完整的生态文明制度体系。

1. 健全国家自然资源资产产权制度。自然资源资产产权制度，是推进生态文明建设和绿色发展的一项基本制度，关系自然资源资产的开发、利用、保护等各方面。从产权关系上，我国自然资源资产还没有划清国家、集体、个人的各种权益边界，导致产权虚置，所有权权益尚未得到落实，这也是当前生态资源保护面临的最大弊端。因此，当前必须健全完善国家自然资源资产产权制度，着力加强以下几方面建设：建立统一的确权登记系统。对水流、森林、山岭、草原、荒地、滩涂等自然生态空间进行统一确权登记，明确国土空间的自然资源资产所有者、监管者及其责任，形成归属清晰、权责明确、监管有效的生态资源资产产权制度；健全国家自然资源资产管理体制，完善国有林场和国有林区经营管理体制，深化集体林权制度改革。严格落实禁牧休牧和草畜平衡制度，加快推进基本草原划定和保护工作；加大退牧还草力度，继续实行草原生态保护补助奖励政策；稳定和完善草原承包经营制度；探索建立分级行使所有权的体制。

2. 健全完善国土空间开发保护制度。国土是生态文明建设的空间载体。国土空间开发保护制度既是生态文明体制改革的重要方面，也是其重要保障。改革开放以来，随着我国经济的快速发展，我国的国土空间开发不合理，存在生产空间多、生态和生活空间少，农业用地与建设用地利益悬殊等问题，一些地区由于盲目、过度和无序开发，甚至超过了资源环境承载能力。因此，为了保护耕地和粮食安全，确保我国国土开发使用效果，实现土地与整个社会的可持续发展，必须明确各类国土空间开发、利用、保护边界，严格区分生产、生活及生态空间开发之间的管制界限。编制生态文明建设规划，科学的空间规划可以弥补市场失灵，有效配置公共资源，促进经济社会可持续发展；可以约束市场主体的空间开发活动，有效避免区域空间的无序开发、错误开发和低水平开发。整合目前各部门分头编制的各类空间性规划,编制统一的空间规划,实现规划全覆盖,推进市县"多规合一",逐步实现一个市县一个规划、一张蓝图。创新市县空间规划编制方法,探索规范化的市县空间规划编制程序,扩大社会参与,增强规划的科学性和透明度。建立空间规划体系,将各类开发活动限制在资源环境承载能力之内,在重点生态功能区、生态环境敏感区和脆弱区等区域划定生态红线,确保生态功能不降低、面积不减少、性质不改变。要坚定不移地实施主体功能区战略,健全空间规划体系,科学合理布局和整治生产空间、生活空间、生态空间,强化主体功能定位,优化国土空间开发格局。

3. 完善资源总量管理和全面节约制度。全面推进国土绿化行动。建立健全天然林保护制度。停止并禁止任何天然林的砍伐,在此基础上,严格林地用途管制并实行有差别的管理办法,对毁林开荒、乱砍滥伐、非法占用林地等行为予以严厉惩罚。强化防护林工程建设,持续推进三北防护林、沿海和平原防护林、农村农田防护林工程体系建设。加强能源、水、土地等战略性资源管控,严格节能评估审查、水资源论证和取水许可制度,实现能源、水资源、矿产资源按质量分级、梯级利用。强化能源消耗强度控制,做好能源消费总量管理。深化资源性产品价格和税费改革,推行节能量、碳排放权、排污权、水权交易制度,加快交易试点,采用市场化方式来调节和控制资源能源、水、土地的节约集约使用。继续实施水资源开发利用控制、用水效率控制、水功能区限制纳污三条红线管理,调整严重污染和地下水严重超采区耕地用途。坚持并完善最严格的耕地保护和节约用地制度,严防死守耕地红线,划定永久基本农田,严格实施永久保护,稳定和扩大退耕还林、退牧还草范围,对新增建设用地占用耕地规模实行总量控制,落实耕地占补平衡,确保耕地数量不下降、质量不降低,有序实现耕地、河湖休养生息。

4. 健全资源有偿使用和生态补偿制度。自然资源是有价值的,保护生态环境是增殖自然价值的过程,也是增加自然资本的过程。但长期以来,人们对自然资源和生态环境存在认识误区,认为新鲜的空气、广阔的海域、洁净的水等自然资源是没有价格的,不计入成本,也无须付费。事实上,生态也是一种资本，利用资源就要付费，造成生态的消损就要补偿。2016 年，国务院印发的《关于自然资源有偿使用制度改革的指导意见》为该制度的完善指明了方向，对于提高资源利用率，实现资源可持续发展具有重要意义，也为真正建立生态补偿机制奠定了基础。构建科学合理的生态补偿机制作为生态文明建设的重要制度保障，在坚持保护生态环境的大前提下，对生态保护者予以合理的奖励和补偿，对生态环境破坏者要求收费，既能激励更多生态保护行为的发生，促进人与自然关系缓和，又有利于新时代生态文明建设。因此，我们必须加快建立反映市场供求和资源稀缺程度、体现生态价值和代际补偿的资源有偿使用和生态补偿制度，从而减少对生态环境的破坏，杜绝破坏生态环境的利益驱动，化解在追求经济增长过程中出现的生态文明与经济利益之间的矛盾。首先，明确各责任主体。中央和地方政府有责任改善和保护生态环境，在生态补偿机制中扮演监管主体的角色。行业企业是资源开发、利用过程中最大的获益者，同时对生态环境造成的破坏作用也最大，因而，行业企业应作为最大的补偿主体承担生态补偿的责任。社会公众则作为生态补偿的监督主体参与到和生态环境利益相关的生态补偿活动中，保障生态补偿机制能够持续、有效实施。其次，扩大补偿范围。加快自然资源及其产品价格改革，完善土地有偿使用制度，完善矿产资源有偿使用制度，完善矿业权出让制度，完善海域海岛有偿使用制度，加快资源环境税费改革等。再次，加大生态补偿力度。将土壤、耕地等更多生态要素纳入补偿范围，统筹不同领域、不同类型补偿方式，制定较高补偿标准的生态补偿标准体系，在补偿方式上，根据生态保护者实际所需，采用实物补偿、政策支持、人才智力补偿、排污权交易补偿等形式与资金补偿并举，既能缓解政府的资金压力，又能给生态保护者提供切实所需。最后，强化对生态补偿的管理。生态补偿机制体现并遵循"谁受益、谁补偿"的原则，加快生态补偿的监督机制建设，提高环境保护成效，进而推进生态文明建设。

5. 建立健全环境治理体系。生态保护并不是孤立存在的，而是一个系统工程。传统条块分割、各自为政的管理保护体制，部门之间、区（流）域之间相互推诿导致谁都不负责任的结果，严重制约着生态文明建设的整体推进。

因此，我们必须按照系统工程的思路，建立健全资源生态环境管理制度，不断加强各地区、各部门、各个群体之间的协调和统筹，推动区（流）域、部门之间的横向、纵向沟通整合，因地制宜实行大部制，建立跨区（流）域、跨部门行政首长联席会议制度，完善合作协调机制，重点依托交通、农业、林业等部门，尤其是环境保护督查中心等机构，建立陆海统筹、区域联动的生态系统保护修复和污染防治机制，降低行政成本，提高协作效率。可以针对不同生态功能区（流）域，设置超越传统行政区划的生态综合治理机构，制定统一互通的区（流）域生态政策与中长期建设规划，进行统一监管和治理，明确工作时间表和路线图，实现跨区（流）域生态资源、环境信息、生态科技共享，促进区（流）域经济协调发展和生态环境整体优化。

6. 建立推动形成绿色生活方式的制度框架。培养绿色生活方式是建设社会主义生态文明的必然要求。但培育绿色生活方式是一项长期的系统的复杂工程，需要构建起一整套行之有效的制度架构，增强全民节约意识、环保意识、生态意识，倡导简约适度、绿色低碳的生活方式，把建设美丽中国转化为全体人民自觉行动。一是要建立宣传教育机制。目前，我国公众对生活方式绿色化重要性的认识还不够，绿色生活方式尚未成为公众的自觉行动。因此，必须建立健全系统化的宣传教育机制，充分运用报刊、广播电视、互联网、户外广告、手机等多种传统与现代传媒的载体，生动地、立体化地开展宣传教育，将生活方式绿色化的理念渗透到学校教育、社会教育、家庭教育的方方面面，使公众逐渐认同绿色化生活方式，并转化为内在动力。二是要建立激励惩罚机制。通过激励机制促进人们自觉地践行绿色生活方式，通过惩罚机制制约人们的非绿色行为。可以对民众的绿色生活行为进行精神奖励和物质奖励，使公众在考虑自身利益的基础上节约用水用电，并逐步养成节约的生活习惯。同时，对消费者的非绿色生活方式采取曝光、经济制裁等方式进行制约。只有把节约资源、保护环境与自身利益相连时，绿色生活方式才会逐步形成。三是要建立相关管理机制。建立和倡导绿色生活方式，需要有效的管理机制为绿色生活方式的实现提供有力的支撑和保障。要大力支持企业进行绿色产品的生产，如对绿色产品、环保行为进行一定的补贴，使其在市场上具有竞争力，应通过建立绿色产品检验认证机制，加强对绿色产品的监测、监督和管理，建立统一的绿色产品体系，完善对绿色产品研发生产、运输配送、购买使用的财税金融支持和政府采购等政策，使消费者愿意并放心购买绿色产品。建立完善绿色生活的配套设施，为人们的绿色生活提供基本的保障。建立推进科技创新绿色化的机制，促使科技人员设计可回收、能循环利用、方便拆卸的绿色产品等。四是要建立促进生态文明建设的公众参与机制。生态文明建设离不开每一个人的努力，需要公众参与。习近平总书记指出："生态文明是人民群众共同参与共同建设共同享有的事业，要把建设美丽中国转化为全体人民自觉行动。每个人都是生态环境的保护者、建设者、受益者，没有哪个人是旁观者、局外人、批评家，谁也不能只说不做、置身事外。要增强全民节约意识、环保意识、生态意识，培育生态道德和行为准则，开展全民绿色行动，动员全社会都以实际行动减少能源资源消耗和污染排放，为生态环境保护作出贡献。"① 因此，要完善公众参与制度，保障公众知情权，及时准确披露各类环境信息，扩大公开范围，健全举报、听证、舆论和公众监督等制度，构建全民参与的社会行动体系，维护公众环境权益。

7. 健全生态环境保护和修复制度。建设生态文明，必须坚持尊重自然、顺应自然、保护自然，坚持节约优先、保护优先、自然恢复为主，守住自然生态安全边界。因此，健全生态环境保护和修复制度显得十分必要。

一要实施生物多样性保护重大工程，建立监测评估与预警体系，健全国门生物安全查验机制，有效防范物种资源丧失和外来物种入侵，积极参加生物多样性国际公约谈判和履约工作。加强自然保护区建设与管理，对重要生态系统和物种资源实施强制性保护，切实保护珍稀濒危野生动植物、古树名木及自然生境，加强森林保护，将天然林资源保护范围扩大到全国；建立以国家公园为主体的自然保护地体系，保护自然生态和自然文化遗产原真性、完整性。

---

① 《让绿水青山造福人民泽被子孙——习近平总书记关于生态文明建设重要论述综述》，《人民日报》2021 年 6 月 3 日，第 1 版。

二要健全环境治理和生态保护市场体系。培育环境治理和生态保护市场主体，采取鼓励发展节能环保产业的体制机制和政策措施。结合重点用能单位节能行动和新建项目能评审查，开展项目节能量交易，并逐步改为基于能源消费总量管理下的用能权交易。完善国有林场和国有林区经营管理体制，深化集体林权制度改革。推行排污权交易制度。在企业排污总量控制制度基础上，尽快完善初始排污权核定，扩大涵盖的污染物覆盖面。建立绿色金融体系。推广绿色信贷，研究采取财政贴息等方式加大扶持力度，鼓励各类金融机构加大绿色信贷的发放力度，明确贷款人的环境保护法律责任等。

三要实施重大生态修复工程，扩大森林、湖泊、湿地面积，提高沙区、草原植被覆盖率，有序实现休养生息。大力开展植树造林和森林经营，稳定和扩大退耕还林范围，加快重点防护林体系建设；严格落实禁牧休牧和草畜平衡制度，加快推进基本草原划定和保护工作；加大退牧还草力度，继续实行草原生态保护补助奖励政策；稳定和完善草原承包经营制度。启动湿地生态效益补偿和退耕还湿。加强水生生物保护，开展重要水域增殖放流活动。继续推进京津风沙源治理、黄土高原地区综合治理、石漠化综合治理，开展沙化土地封禁保护试点。加强水土保持，因地制宜推进小流域综合治理。实施地下水保护和超采漏斗区综合治理，逐步实现地下水采补平衡。强化农田生态保护，实施耕地质量保护与提升行动，加大退化、污染、损毁农田改良和修复力度，加强耕地质量调查监测与评价。

8. 加快改革生态环境监管体制。良好生态环境是社会永续发展的根基。当前，最紧迫、最重要的任务就是加快改革生态环境监管体制，形成全方位防范污染和保护生态的合力，确保环境质量不降低，生态系统服务功能不弱化，防止重蹈"先污染后治理，边治理边破坏"的覆辙。因此，我们必须改革生态环境监管体制，严格落实企业主体责任和政府监管责任，以有效的制度体系防范治理过去存在的对环境肆意破坏而又无人管理、无人负责的局面。要建立统一监管所有污染物排放的环境保护管理制度，突出最严格的法治和更有效的市场机制，建立健全全民行动体系，将环境违法企业列入"黑名单"，将其环境违法信息记入社会诚信档案，并向社会公开。分级建立企业环保信用评价体系，将企业环保信用信息纳入全国信用信息共享平台，推动有关部门和机构在行政许可、公共采购、评先创优、金融支持等工作中，根据企业环保信用状况予以支持或限制，使守信者处处受益、失信者寸步难行。

三、提高生态环境保护制度执行力

新时代，推进生态文明制度建设，必须要提高制度的执行力。众所周知，制度优势是一个国家的最大优势。没有好的制度，国家难以实现善治。但有了好的制度，却不执行、不抓落实，只是写在纸上、贴在墙上、锁在抽屉里，就会形同虚设，小而言之，会使制度执行中的政策目标和效果与制度设计的初衷发生偏离，治理绩效大打折扣；大而言之，则会影响到人民群众对党和政府的信任。俗话说"一分部署，九分落实"，只有把制度执行到位、贯彻到底，才能发挥制度管根本、管长远的作用，缺乏强大的制度执行能力，对其置若罔闻，束之高阁，制度的强大作用就难以发挥。习近平总书记指出："用最严格制度最严密法治保护生态环境。……要加快制度创新，增加制度供给，完善制度配套，强化制度执行，让制度成为刚性的约束和不可触碰的高压线。"[①]这是新时代推进生态文明建设的一项重要原则。

（一）切实强化制度意识，深刻认识提高制度执行力的必要性和重要性

习近平总书记指出："制度的生命力在于执行，关键在真抓，靠的是严管。"[②]"对破坏生态环境的行为不能手软，不能下不为例。"[③]思想是行动的先导，制度威力要充分发挥出来，就需要人民理解制度、尊重制度，自觉在制度框架内做事。制度执行不力、落实不好，究其原因是责任意识缺乏，导致

---

① 中共中央党史和文献研究院：《十九大以来重要文献选编》（上），中央文献出版社 2019 年版，第 452 页。

② 《习近平谈治国理政》第三卷，外文出版社 2020 年版，第 364 页。

③ 《习近平谈治国理政》第三卷，外文出版社 2020 年版，第 364 页。

制度执行质量大打折扣。生态文明建设任重道远，是一场大仗、硬仗、苦仗，必须加强党的领导，各地区各部门坚决担负起生态文明建设的政治责任是关键。要严格考核、严格问责，将生态环境考核结果作为干部奖惩和提拔使用的重要依据。要建立科学合理的考核评价体系，把制度执行落实情况纳入各级班子考核内容，对制度落实不彻底的，要坚决勒令整改；对制度执行不力的，要坚决追究责任；对违背制度的，要坚决进行问责。要使广大民众认识到：制度就是铁律，绝非于我有利就遵守，于我不利就变通。制度不是弹簧，绝非松一阵紧一阵，不是"关系"可以疏通，不是"金钱"可以买通，"制度面前没有特权、制度约束没有例外"。只有形成这种源自人们内心对制度的衷心拥护和真诚信仰，形成"生态环境保护问题上不可越雷池一步"的刚性约束，才能够更好地保证一项项制度法规从"纸上"落到"地上"。可以说，内化于心、外化于行的制度意识，是制度执行的重要前提。

（二）加强对制度执行的监督，加大查处力度，坚决杜绝做选择、搞变通、打折扣的现象

令在必信，法在必行。严格监督是保证制度不折不扣贯彻执行的关键。违反制度的行为，是对制度权威的公然蔑视和挑战，是对制度最大的伤害。一些制度之所以不落实，很大程度上是因为违反制度的行为没有及时受到查处，对违反制度的行为缺少应有的惩戒。进一步提高违法违规成本，加大执法力度，对破坏生态环境的行为严惩重罚，对造成严重后果的人依法追究责任，真正让制度成为刚性的约束和不可触碰的高压线。习近平总书记指出，"制度的刚性和权威必须牢固树立起来，不得作选择、搞变通、打折扣"①。即"决不能让制度规定成为'没有牙齿的老虎'"②。一方面要建立健全生态环境保护督察制度。强化对浪费能源资源、违法排污、破坏生态环境等行为的执法监察和专项督察，加快健全环境保护督察机制。中央生态环保督察是监督和保

---

① 《习近平谈治国理政》第三卷，外文出版社 2020 年版，第 364 页。

② 《习近平谈治国理政》第三卷，外文出版社 2020 年版，第 364 页。

障地方政府履行对辖区环境质量负责的重要制度措施。2019 年 6 月，《中央生态环境保护督察工作规定》出台，首次以党内法规的形式明确了中央环保督察制度的框架、程序和规范，界定了督察权限和责任，督促和鞭策相关环境部门及行政部门严格执行国家环境法律法规，以解决突出生态环境问题、改善生态环境质量、推动高质量发展为重点，以夯实生态文明建设和生态环境保护政治责任为目标，及时纠正生态环境保护的不当干预行为，包括例行督察、专项督察和"回头看"等，实地检查地方党委和部门落实中央生态环境保护的大政方针情况，检查生态环境保护党政同责、一岗双责推进落实情况，突出生态环境问题及其处理情况。各省（区、市）也相应地建立生态环境保护督察制度，成为中央生态环境保护督察的延伸和补充，采取例行督察、专项督察、派驻督察等方式开展工作，推进责任落实、制度落地。另一方面要建立健全监督制约机制，强化权力监督、行政监督、执法监督、媒体监督和社会监督等全方位监督制约机制。要健全社会举报制度，依法强化涉及公众生态权益和公共利益的重大决策活动的听证、论证、专家咨询和社会公告制度，在建设项目立项、实施、评价等环节，有序增强公众参与程度，完善公众参与制度，广泛听取和吸收群众意见，接受公众监督。引导生态文明建设领域各类社会组织健康有序发展，发挥民间组织和志愿者的积极作用。

（三）各级领导干部要带头维护制度权威，做制度执行的表率

习近平总书记指出："各级党委和政府以及各级领导干部要切实强化制度意识，带头维护制度权威，做制度执行的表率，带动全党全社会自觉尊崇制度、严格执行制度、坚决维护制度。"① 因此，各级领导干部一定要对制度具有畏惧感，主动维护制度权威，想问题、做决策和抓落实都要以制度为准星，坚定不移遵照制度、执行制度，决不能有丝毫含糊。同时，各级领导干部不仅要率先垂范，从自己做起、从身边做起，更要增强斗争精神，勇于同一切违反

---

① 《中共中央关于坚持和完善中国特色社会主义制度　推进国家治理体系和治理能力现代化若干重大问题的决定》，人民出版社 2019 年版，第 42 页。

制度的现象作斗争。

制度是纲，纲举目张。新时代，我们必须用最严格制度最严密法治保护生态环境，加快制度创新，增加制度供给，完善制度配套，强化制度执行，真正构建覆盖生态环境保护全方位、多角度、立体化的生态文明制度体系，推动建设人与自然和谐共生的现代化，实现中华民族的永续发展。

第 六 章

携手共建生态良好的
地球美好家园

　　人类只有一个地球，建设生态文明关乎世界各国共同利益和人类可持续发展。习近平总书记指出："地球是人类的共同家园，也是人类到目前为止唯一的家园。"① 全世界各国应该像对待生命一样对待生态环境，同舟共济、共同努力，携手共建生态良好的地球美好家园。

一、保护生态环境是全球面临的共同挑战

　　保护生态环境、应对气候变化，是全人类面临的共同挑战。全球生态环境良好，世界各国人民共同受益；全球生态环境恶化，世界各国人民共同受害。习近平总书记立足于世界历史的高度和全人类生态文明发展的视野，明确指出，"人与自然是生命共同体，人类必须尊重自然、顺应自然、保护自然。人类只有遵循自然规律才能有效防止在开发利用自然上走弯路，人类对大自然的伤害最终会伤及人类自身，这是无法抗拒的规律"②。

　　英国著名历史学家汤因比曾经对古往今来的世界文明进行系统研究，他认为，人类诞生以来世界各地的文明有 26 个，但能够一直延续至今的文明不过 10 多个。很多文明在人类历史上曾经有过辉煌的成就，但在历史的长河中湮灭，如古代巴比伦和楼兰古国等，最根本的一个原因是忽视了生态环境与人类社会的协调发展，对生态过度索取造成了文明自身的消亡。近代以来，随着人类科技的进步和工业资本主义的发展，机器大工业逐步取代了传统的手工作坊，生产方式发生了巨大的变革，人类文明也从农业文明过渡到工业文明，人类社会取得了空前的成就，整个世界也发生了前所未有的改变。人

---

　　① 习近平：《论坚持推动构建人类命运共同体》，中央文献出版社 2018 年版，第 512 页。

　　② 习近平：《决胜全面建成小康社会　夺取新时代中国特色社会主义伟大胜利——在中国共产党第十九次全国代表大会上的报告》，人民出版社 2017 年版，第 50 页。

类以彰显人的主体性为荣，在推动社会经济飞速发展和物质财富极大丰富的同时，由于生产的扩大，人类利用自然的能力大为增强，对于自然的索取、掠夺和占有也日益增多，导致了自然环境的破坏、污染、浪费等生态危机的产生，人类文明面临着巨大的挑战。习近平总书记指出："人类进入工业文明时代以来，传统工业化迅猛发展，在创造巨大物质财富的同时也加速了对自然资源的攫取，打破了地球生态系统原有的循环和平衡，造成人与自然关系紧张。从上世纪 30 年代开始，一些西方国家相继发生多起环境公害事件，损失巨大，震惊世界，引发了人们对资本主义发展模式的深刻反思。"[①]最为典型的是"世界八大公害"事件[②]。

1. 比利时马斯河谷烟雾事件。该事件于 1930 年 12 月 1—5 日发生在比利时的马斯河谷工业区，工业区中的 13 个工厂排放的大量烟雾弥漫在马斯河谷上空无法扩散，这是 20 世纪最早记录下的大气污染惨案。该事件导致上千人发生呼吸道疾病——胸痛、咳嗽、流泪、咽痛、呼吸困难等，一个星期内就有 60 多人死亡，死亡人数是同期正常死亡人数的 10 多倍。

2. 英国伦敦烟雾事件。从 1952 年 12 月 4—9 日，当时正是冬季，是大量燃煤的取暖时期，煤烟粉尘等大量聚集在大气中，加之伦敦市上空连日无风，导致毒雾弥漫。很多人都感到呼吸困难、眼睛疼痛，几天之内就导致几千人死亡。到 12 月 10 日，由于天气变化，强劲的西风吹散了笼罩在伦敦上空的恐怖烟雾。但在此之后的两个月内，又有近 8000 人相继死亡。在此后的 1956 年、1957 年、1962 年，伦敦又连续发生多达 12 次严重的烟雾事件。

3. 美国多诺拉烟雾事件。多诺拉镇是美国宾夕法尼亚州的一个小镇，这里是硫酸厂、钢铁厂、炼锌厂的集中地。1948 年 10 月 26—31 日，工厂排放的含有二氧化硫等有毒有害物质的气体及金属微粒在气候反常的情况下于山谷中积存不散，这些有毒有害物质附着在悬浮颗粒物上，严重污染了大气，导致小镇上的约 6000 人突然发病，其中有 20 人很快死亡。该病的症状为眼痛、

---

① 《习近平谈治国理政》第三卷，外文出版社 2020 年版，第 360 页。

② 参见中共中央组织部干部教育局：《五大发展理念案例选·领航中国》，党建读物出版社 2016 年版，第 168—174 页。

咽喉痛、流鼻涕、咳嗽、头痛、四肢乏倦、胸闷、呕吐、腹泻等。

4. 美国洛杉矶光化学烟雾事件。从 1943 年开始，每年 5 月至 10 月，洛杉矶经常出现严重的烟雾污染。阳光越强，烟雾越大。直至太阳西下，烟雾才渐渐减弱。烟雾刺激眼、喉、鼻，引起眼病、喉头炎及不同程度的头痛。一开始，人们认为是二氧化硫导致烟雾。但在减少各工业部门的二氧化硫排放量后依然收效甚微。直到 20 世纪 50 年代，人们才发现烟雾是由汽车排放物造成的。这些排放物在强光作用下发生光化学反应，生成了淡蓝色光化学烟雾。洛杉矶光化学烟雾先后致近千人死亡，75% 以上市民患上红眼病。直到 70 年代，洛杉矶市还被称为"美国的烟雾城"。

5. 日本富山"骨痛病"事件。日本中部富饶的富山平原，有一条贯穿整个平原的河流神通川。自 1931 年起，富山平原的一些民众中出现了一种怪病：全身关节疼痛不已，甚至连呼吸都会带来剧烈的疼痛。到后来，患者骨骼软化萎缩，四肢弯曲，脊柱变形，骨质疏松，就连咳嗽都可能引起骨折，有的人因忍受不了病痛的折磨而自杀。因此，此病得名"骨痛病"。经过分析研究，发现此病的祸根是神通川上游的神冈矿山排放的含镉废水，导致神通川流域长期被污染。含镉的水浇灌的土地，变成了"镉地"，"镉地"又生产出人们食用的"镉米"。"骨痛病"实际上就是慢性镉中毒。从 1955 年至 1972 年，"骨痛病"患者达 258 人，死亡 128 人。

6. 日本熊本县水俣病事件。1950 年，日本熊本县水俣湾边上的小渔村，许多人发现自家的猫步履不稳，还有的猫跳海自杀。不久，这种"猫舞蹈病"传染到了人类，患者近千人。发病前毫无征兆，发病后浑身不停抽搐，手足变形，进而耳聋眼瞎，全身麻木，最后神经失常，一会儿酣睡，一会儿兴奋，直至死亡。经过长期的分析，科学家们确认工业排放的废水中的"汞"是"水俣病"起因，汞离子通过鱼虾进入动物和人的体内，引起脑萎缩、小脑平衡系统遭到破坏等问题，它是人类历史上最早出现的由于工业废水排放污染造成的公害病。

7. 日本四日市事件。日本东部伊势湾海岸的四日市，1955 年建设了日本第一座石油化工联合企业。之后，又相继兴建了多家石油化工联合企业，在其周围又建有 10 多家石化大厂和 100 余家中小企业，四日市成为日本的"石油联合企业城"。从 1959 年开始，四日市的城市上空变得污浊起来。每到春天，在临近石油联合企业的地区，居民住宅周围弥漫着恶臭味，甚至在炎热的夏天也不能开窗通风换气；由于工业废水排入伊势湾，水产发臭不能食用；石油冶炼产生的废气使天空终年都是烟雾弥漫，飘浮着多种有毒有害的气体和金属粉尘，严重污染了城市的空气。四日市的居民长年累月地吸入被污染的空气，呼吸器官受到损害，很多人患有呼吸系统疾病，如支气管炎、哮喘、肺气肿、肺癌等。由于患者大多一离开大气污染环境，病症就会得到缓解，所以这些病被统称为"四日市哮喘病"。1964 年，该市有 3 天烟雾不散，致使一些哮喘病患者痛苦死去。1970 年，哮喘病患者达 500 多人。到 1972 年，全市哮喘病患者达 800 余人。

8. 日本米糠油事件。1968 年 3 月，九州市爱知县的一个食用油厂在生产米糠油时，因管理不善，操作失误，致使米糠油中混入了在脱臭工艺中使用的热载体多氯联苯，造成食物油污染。由于当时被污染的米糠油中的黑油做了鸡饲料，直接导致了九州、四国等地区的几十万只鸡突然死亡。随后又发现因食用被多氯联苯污染的食物而导致多人患病。病人初期症状是皮疹、皮肤色素沉着等，后期则肝功能下降，肌肉疼痛，以致发生急性肝坏死等病症，有的因此而死亡。在此后的 3 个月内，112 个家庭的 325 人被确诊为患有该病，之后在全国各地不断出现相同病例。到 1978 年 12 月，日本在 28 个县正式确认 1684 名患者。

这"世界八大公害"事件涉及空气污染、水污染、食品污染等环境污染问题，使人们意识到在人类工业化进程中，生态环境问题在人类生存发展中的重要地位和作用，引起了全世界的普遍关注。自此，世界各国都越来越重视生态环境保护和建设，国际社会也做出了各种各样的努力。20 世纪 60 年代，人们开始对传统工业文明进行深刻的反思，出现了许多研究生态问题的书籍，生态问题的研究逐步成为学术研究的热点。在美国生物学家蕾切尔·卡森出版了《寂静的春天》（1962）后，美国生物学家保罗·埃里希的《人口炸弹》（1968）、伽雷特·哈丁的《公地悲剧》（1968）和罗马俱乐部的《增长的极限》（1972）也陆续出版。其中，最具代表性和里程碑意义的是"四个会议"——"人类环境大会""环境与发展大会""可持续发展世界首脑会议""可持续发展大会"。

1972年6月5—16日，联合国在瑞典斯德哥尔摩召开了"人类环境大会"，这是人类历史上第一次在全世界范围内研究保护人类环境的会议。会议通过的《联合国人类环境宣言》宣布了7个共同观点和26项共同原则，阐明了人类对环境的权利和义务，要求各国政府和人民为维护和改善人类环境、造福全体人民和子孙后代而共同努力，如提出"人类享有自由、平等、舒适的生活条件，有在尊严和舒适的环境中生活的基本权利。同时，负有为当代人及其子孙后代保护和改善环境的庄严义务"等重要思想和主张。"人类环境大会"拉开了全人类共同保护环境的序幕，也意味着环保运动由群众性活动上升到了政府行为。会后，西方国家积极行动起来，开始对生态环境进行认真治理，标志着人类从理念反思走向了实际行动。

1992年6月5—14日，联合国在巴西里约热内卢召开"环境与发展大会"，会议通过了《里约环境与发展宣言》和《21世纪议程》，提出"建立经济、社会、资源、环境协调发展的可持续发展的新模式"，以及可持续发展的27项基本原则，如提出"为了实现可持续的发展，环境保护工作应是发展进程的一个整体组成部分，不能脱离这一进程来考虑"等重要思想原则。这是人类走出工业文明困境具有里程碑意义的步骤。而140多个国家元首或政府首脑参加了会议，也使生态文明建设成为全球共识，并得到了最高级别的政治承诺。

2002年8月26日至9月4日，联合国在南非约翰内斯堡召开"可持续发展世界首脑会议"，全面审查和评价《21世纪议程》执行情况，会议产生了《行动计划》和《政治宣言》两项重要成果，指出应重点关注水、健康、能源、生物多样性和农业。这是人类社会迈向生态文明的具体体现。

2005年联合国发布了《千年生态系统评估报告》。该报告全面评估了地球总体的生态环境状况。这一研究表明，人类赖以生存的生态系统有60%正处于不断退化的状态，支撑能力正在减弱。科学家警告，未来50年内，这种退化趋势也许还将继续存在，给人类社会再一次敲响了警钟。

2012 年 6 月 13—22 日，联合国"可持续发展大会"在巴西里约热内卢召开，由于正好是里约环境与发展大会 20 周年，因此本次大会又被称为里约 +20 会议。与会代表围绕"可持续发展和消除贫困背景下的绿色经济"和"促进可持续发展的机制框架"两大主题展开了讨论，发布了《我们憧憬的未来》，提出"我们认识到，消除贫穷、改变不可持续的消费和生产方式、推广可持续的消费和生产方式、保护和管理经济和社会发展的自然资源基础，是可持续发展的总目标和基本需要。我们也重申必须通过以下途径实现可持续发展：促进持续、包容性、公平的经济增长，为所有人创造更多机会，减少不平等现象，提高基本生活水平，推动公平社会发展和包容，促进以可持续的方式统筹管理自然资源和生态系统，支持经济、社会和人类发展，同时面对新的和正在出现的挑战，促进生态系统的养护、再生、恢复和回弹"[①]。这些重要思想，体现了国际社会的合作精神，展示了未来可持续发展的前景，对确立全球可持续发展方向具有重要的指导意义。

地球是人类唯一的家园，适宜的生态环境是人类生存与发展的前提。世界各国人民应当尊重、爱护和治理好人类共同的地球家园。如果把人和自然对立起来，以凌驾自然的态度去统治自然、主宰自然、征服自然，必然会造成对自然的贪婪索取和无情掠夺，就无疑是在吃子孙的饭，甚至是在砸子孙的锅，最终导致破坏自然，摧毁人类自身生存根基。

二、国际社会要携手共谋全球生态文明建设之路

人与自然环境的全部关系总和构成了一个密切不可分离、须臾不可缺乏的"你中有我、我中有你"生态共同体和生命共同体。世界各国人民的利益和前途命运紧紧拴在一起，没有哪个国家能够独自应对人类面临的各种挑战，也没有哪个国家能够退回到自我封闭的孤岛。因此，珍爱和呵护地球，共建

[①] 郝清杰、杨瑞、韩秋明：《中国特色社会主义生态文明建设研究》，中国人民大学出版社 2016 年版，第 7 页。

绿色宜居的地球家园，是人类的唯一选择，也是国际社会的共同责任，"我们应该共同呵护好地球家园，为了我们自己，也为了子孙后代"①。只有站在对人类文明负责的高度，尊重自然、顺应自然、保护自然，探索人与自然和谐共生之路，促进经济发展与生态保护协调统一，共建繁荣、清洁、美丽的世界，才能够让自然生态修养生息，让人人都享有绿水青山，实现全人类的可持续发展。

一要牢固树立人类命运共同体理念。生态文明建设关乎人类未来，建设绿色家园是人类的共同梦想。党的十八大以来，习近平总书记以深邃的历史眼光和博大的天下情怀，深入思考"建设一个什么样的世界、如何建设这个世界"等关乎人类前途命运的重大课题，提出了构建人类命运共同体的理念，指出："人类命运共同体，顾名思义，就是每个民族、每个国家的前途命运都紧紧联系在一起，应该风雨同舟，荣辱与共，努力把我们生于斯、长于斯的这个星球建成一个和睦的大家庭，把世界各国人民对美好生活的向往变成现实。"②构建人类命运共同体作为当代中国对世界的重要思想和理论贡献，是国际社会携手共谋全球生态文明建设之路的旗帜引领。近年来，全球范围内的各种生态环境问题，全球生态危机不断加剧，气候变化、生物多样性丧失、荒漠化加剧、极端气候事件频发，给人类生存和发展带来严峻挑战。特别是2020年暴发的全球新冠疫情，使得物种保护、生态安全等议题升温，各国、各民族之间也因此而"因病相连"、利益相关、命运与共，对全球生态治理及卫生治理的变革产生了联动影响。但是，受全球民族主义、民粹主义、经济保护主义以及文化相对主义等的影响，各国以本国利益为出发点，进行了激烈的博弈，致使全球生态文明建设处于一种在多重挑战中继续前行的状态。因此，面对全球性的生态危机，世界各国只有树立人类命运共同体理念，减少分歧、增强合作、携手同行，共谋全球生态文明建设之路，才能维护自然界的平衡，才能使我们赖以生存的地球更加健康、绿色，才能促进人类社会

---

① 习近平：《携手建设更加美好的世界》，《人民日报》2017年11月2日，第1版。

② 习近平：《在庆祝中国共产党成立95周年大会上的讲话》，人民出版社2016年版，第20页。

的可持续发展。

二要秉持"共商共建共享"的全球治理理念。生态问题是全球性的课题，每个国家都是全球性生态治理的主角，建设生态文明，需要世界各国齐心协力，秉持共商共建共享的治理理念，通过凝聚全球力量、推动国际合作，共同解决面临的全球性生态难题。其中，共商，即全球所有参与治理方共同协商、深化交流，达成政治共识、寻求共同利益，这是全球治理的前提基础；共建，顾名思义，即各国共同参与、通力合作，形成利益共同体，一同应对全球化生态危机，这是构建人类命运共同体的必要条件；共享，即各国平等发展、共同分享，让全球治理体制和格局的成果更多地惠及全球各个参与方，构建相互理解、相互包容的发展格局和共享机制，这是全球治理的思想文化基础。习近平总书记指出："世界命运应该由各国共同掌握，国际规则应该由各国共同书写，全球事务应该由各国共同治理，发展成果应该由各国共同分享"[1]，决不能由某个大国或者少数几个大国说了算，而应该赋予每个国家最广泛的权利和自由，各抒己见、充分陈述、广泛吸取各国意见。因此，保护全球生态环境不可能靠某一个国家独立承担，各国政府和人民要在充分尊重国情差异和文明区别的基础上，树立"共商共建共享"的全球治理理念，坚持多边主义，强化自身行动，深化伙伴关系，提升合作水平，在应对生态环境挑战中互学互鉴、互利共赢。特别要维护以联合国为核心的国际体系，发挥联合国的权威性、代表性、影响性和组织性，让联合国牵头成立的专门机构成为世界各国推进全球生态保护与治理的首要选择，增强生态治理的主权国家交流互动。通过国家间的生态合作，实现国家间的生态共赢，共同为改善全球生态环境作出贡献。

三要坚持"共同但有区别的原则"。处理全球性的生态课题，需要各主权国家积极寻求利益交融点，共同制定相关的制度规范，共同解决全球生态危机困境。众所周知，世界各国的现代化发展历史阶段、发展水平不尽相同，在全球生态系统中所处的地理位置、自然环境、资源状况、人口数量、经济

---

[1] 《习近平谈治国理政》第二卷，外文出版社 2017 年版，第 540 页。

与社会发展水平等因素也不尽相同。因此，世界各国在应对危机承担责任方面不可强求一律，而必须有所分别。习近平总书记指出："就像一场赛车一样，有的车已经跑了很远，有的车刚刚出发，这个时候用统一尺度来限制车速是不适当的，也是不公平的。"①因此，推进全球生态文明建设，必须坚持共同但有区别的责任原则、公平原则和各自能力原则，坚定维护多边主义，根据每一个国家的综合国力和治理能力，来承担与其国际地位相适应的国际义务，履行各国在全球生态环境治理中的相应责任，这是最实际的也最可行的能力和公平原则。当今世界生态环境危机的产生，主要是由于资本主义生产方式的不断扩张，超级垄断财团全球性资本逐利行动，无休止的掠夺性开发，造成了对自然环境的严重破坏，发达国家对全球生态环境危机负有不可推卸的更大责任。同时发达国家具有强大的经济实力和先进技术，在改善生态、维护环境方面具有更加丰富的经验，理应承担全球环境治理的主要责任，并为发展中国家提供资金、技术、能力建设等方面支持，以协助发展中国家实现绿色发展，共同保护人类的绿色家园。而发展中国家在维护生态环境方面也不能置身度外，同样要承担力所能及的责任，积极改善生态环境，提高治理能力，为人类共同的生态治理作出贡献。习近平总书记指出，"坚持共同但有区别的责任等原则，不是说发展中国家就不要为全球应对气候变化作出贡献了，而是说要符合发展中国家能力和要求"②。因此，治理全球生态环境，需要把共同但有区别的责任落到实处，发达国家与发展中国家应该携手并进、同舟共济、相互合作。习近平主席指出："世界各国一律平等，不能以大压小、以强凌弱、以富欺贫。"③"我们应该创造一个各尽所能、合作共赢的未来。对气候变化等全球性问题，如果抱着功利主义的思维，希望多占点便宜、少承

① 中共中央文献研究室：《习近平关于社会主义生态文明建设论述摘编》，中央文献出版社 2017 年版，第 132 页。

② 中共中央文献研究室：《习近平关于社会主义生态文明建设论述摘编》，中央文献出版社 2017 年版，第 132 页。

③ 《习近平谈治国理政》第二卷，外文出版社 2017 年版，第 523 页。

担点责任，最终将是损人不利己。"① 只要心往一处想、劲往一处使，同舟共济、守望相助，人类必将能够应对好全球气候环境挑战，把一个清洁美丽的世界留给子孙后代。

总之，宇宙只有一个地球，人类共有一个家园，珍爱和呵护地球是人类共同的向往、共同的责任，也是人类的唯一选择。习近平总书记指出："国际社会要以前所未有的雄心和行动，共商应对气候变化挑战之策，共谋人与自然合谐共生之道，勇于担当，勠力同心，共同构建人与自然生命共同体。"② 世界各国唯有携手合作，才能有效应对气候变化、海洋污染、生物保护等全球性环境问题；只有并肩同行，才能让绿色发展理念深入人心、全球生态文明之路行稳致远。

三、中国要成为全球生态文明建设的重要参与者、贡献者、引领者

习近平总书记指出："要站在维护国家生态安全、中华民族永续发展和对人类文明负责的高度，加强生态保护和修复，为子孙后代留下山清水秀的生态空间。"③ 作为全球生态文明建设的参与者、贡献者、引领者，我国坚定践行多边主义，努力推动构建公平合理、合作共赢的全球环境治理体系，主张加快构筑尊崇自然、绿色发展的生态体系，共建清洁美丽的世界，为全球生态文明建设贡献了中国智慧和中国方案，展现了负责任的大国形象。

一是积极参与全球环境治理，为全球提供更多公共产品。我国始终秉持人类命运共同体理念，高举共建地球生命共同体的旗帜，积极参与全球环境治理。"根据美国航天局卫星数据，2000 年至 2017 年间，全球新增绿化面积

---

① 习近平：《携手构建合作共赢、公平合理的气候变化治理机制——气候变化巴黎大会开幕式上的讲话》，《光明日报》2015 年 12 月 1 日，第 2 版。

② 习近平：《努力建设人与自然和谐共生的现代化》，《求是》2022 年第 11 期。

③ 习近平：《以美丽中国建设全面推进人与自然和谐共生的现代化》，《求是》2024 年第 1 期。

中约四分之一来自中国。"[①] "2021年，我国可再生能源开发利用规模、新能源汽车产销量稳居世界第一；全球规模最大的碳排放权交易市场正式上线并平稳运行。截至2020年底，我国单位国内生产总值二氧化碳排放较2005年降低48.4%，超额完成下降40%—45%的目标。"[②] 同时，我们加强应对气候变化、海洋污染治理、生物多样性保护等领域国际合作，认真履行国际公约，主动承担同国情、发展阶段和能力相适应的环境治理义务。我国率先发布了《中国落实二〇三〇年可持续发展议程国别方案》，向联合国交存《巴黎协定》批准文书，作出力争2030年前实现碳达峰、2060年前实现碳中和的庄严承诺，并成功举办《生物多样性公约》第十五次缔约方大会（COP15）第一阶段会议。目前，我国已批准实施30多项与生态环境有关的多边公约或议定书，在应对气候变化、生物多样性丧失等全球生态环境挑战中的引领作用日益凸显，在全球环境治理体系中的话语权和影响力不断提升，以实际行动为全球生态治理贡献了力量。

二是发挥发展中大国的引领作用，加强南南合作以及同周边国家的合作，共同打造绿色"一带一路"。我国作为世界上最大的发展中国家，不仅积极践行自身的全球生态文明建设的责任，努力改善自身生态环境问题，同时也主动发挥发展中大国的引领作用。通过多种形式的南南务实合作，为发展中国家提供力所能及的资金、技术支持，帮助发展中国家提高应对气候变化和环境治理能力，从而赋予了南南合作以新的内涵。同时，我国为了大力支持发展中国家能源绿色低碳发展，发起了一系列绿色行动倡议，采取绿色基建、绿色能源、绿色交通、绿色金融等一系列举措，倡导建立"一带一路"绿色发展国际联盟和绿色"一带一路"生态环保大数据平台，共同打造绿色"一带一路"。

三是倡导制订和实施公平、合理、有效的全球应对生态危机解决方案。习近平总书记强调，"面对生态环境挑战，人类是一荣俱荣、一损俱损的命运

---

① 习近平：《努力建设人与自然和谐共生的现代化》，《求是》2022年第11期。
② 生态环境部：《奋力谱写新时代生态文明建设新华章》，《求是》2022年第11期。

共同体"①。近年来，我国坚持正确的义利观，秉持平等、互利、公平、正义等原则，充分发挥人类命运共同体理念的先导作用，提出"共同构建地球生命共同体""共同建设清洁美丽的世界"等重要倡议，为全球生态治理凝聚了强大合力。在实践中，我国主动参与全球生态治理体系建设与变革，不断提升在全球环境治理体系中的话语权和影响力，营造协同治理氛围，增强国际合作的意愿，敦促各方共同行动，呼吁改变全球生态环境治理中不平等、不公正、不合理的现象，并以社会主义大国的担当和责任，提出了一系列更加公正、合理、有效的促进全球生态文明建设和人类可持续发展的中国方案，为全球生态文明建设贡献了中国智慧和中国力量。可以说，我国正以积极的姿态主动参与全球范围内各种环境保护与生态治理活动，严格履行自身在全球生态治理中的职责，与各国分享自身的治理经验，充分彰显了我国作为全球生态文明建设参与者、贡献者、引领者的积极作为和历史担当。

地球是人类的共同家园，各国是风雨同舟的命运共同体。当前，面对严峻的全球性挑战，面对人类发展在十字路口何去何从的抉择，世界各国只有通力合作，携手构建人类命运共同体，才能有效应对各种风险挑战，维护人类共同家园，建设更加美好的世界。习近平总书记指出："世界命运握在各国人民手中，人类前途系于各国人民的抉择，中国人民愿同各国人民一道，推动人类命运共同体建设，共同创造人类的美好未来！"②只要心往一处想、劲往一处使，同舟共济、守望相助，人类就能应对好全球生态环境挑战，把一个清洁美丽的世界留给子孙后代。

---

① 习近平：《共谋绿色生活，共建美丽家园》，《人民日报》2019年4月29日，第2版。

② 习近平：《决胜全面建成小康社会 夺取新时代中国特色社会主义伟大胜利——在中国共产党第十九次全国代表大会上的报告》，人民出版社2017年版，第60页。

参考文献

一、经典文献

《马克思恩格斯文集》第1—10卷，人民出版社2009年版。

《马克思恩格斯选集》第1—4卷，人民出版社2012年版。

《马克思恩格斯全集》第42卷，人民出版社1979年版。

《毛泽东选集》第4卷，人民出版社1991年版。

《毛泽东文集》第6、7卷，人民出版社1999年版。

《邓小平年谱（1975—1997）》（上、下），中央文献出版社2004年版。

《江泽民文选》第1—3卷，人民出版社2006年版。

《习近平总书记系列重要讲话读本》，学习出版社、人民出版社2014年版。

《习近平总书记系列重要讲话读本（2016年版）》，学习出版社、人民出版社2016年版。

《习近平谈治国理政》，外文出版社2014年版。

《习近平谈治国理政》第二卷，外文出版社2017年版。

《习近平谈治国理政》第三卷，外文出版社2020年版。

《习近平谈治国理政》第四卷，外文出版社2022年版。

中共中央文献研究室：《十六大以来重要文献选编》（中），中央文献出版社2006年版。

中共中央文献研究室：《十七大以来重要文献选编》（上），中央文献出版社 2009 年版。

中共中央文献研究室：《十八大以来重要文献选编》（中），中央文献出版社 2016 年版。

中共中央党史和文献研究院：《十九大以来重要文献选编》（上），中央文献出版社 2019 年版。

《习近平新时代中国特色社会主义思想学习纲要》，学习出版社、人民出版社 2019 年版。

《习近平新时代中国特色社会主义思想学习纲要（2023 年版）》，学习出版社、人民出版社 2023 年版。

《习近平新时代中国特色社会主义思想学习问答》，学习出版社、人民出版社 2021 年版。

中共中央宣传部、中华人民共和国生态环境部：《习近平生态文明思想学习纲要》，学习出版社、人民出版社 2022 年版。

中共中央文献研究室：《习近平关于社会主义生态文明建设论述摘编》，中央文献出版社 2017 年版。

中共中央文献研究室、国家林业局：《毛泽东论林业（新编本）》，中央文献出版社 2003 年版。

习近平：《决胜全面建成小康社会　夺取新时代中国特色社会主义伟大胜利——在中国共产党第十九次全国代表大会上的报告》，人民出版社 2017 年版。

习近平：《高举中国特色社会主义伟大旗帜　为全面建设社会主义现代化国家而团结奋斗——在中国共产党第二十次全国代表大会上的报告》，人民出版社 2022 年版。

习近平：《论坚持推动构建人类命运共同体》，中央文献出版社 2018 年版。

习近平：《论坚持党对一切工作的领导》，中央文献出版社 2019 年版。

习近平：《在庆祝中国共产党成立 95 周年大会上的讲话》，人民出版社 2016 年版。

习近平：《在省部级主要领导干部学习贯彻党的十八届五中全会精神专题

研讨班上的讲话》，人民出版社 2016 年版。

《中共中央关于坚持和完善中国特色社会主义制度　推进国家治理体系和治理能力现代化若干重大问题的决定》，人民出版社 2019 年版。

《中共中央关于全面深化改革若干重大问题的决定》，人民出版社 2013 年版。

《中共中央关于全面推进依法治国若干重大问题的决定》，人民出版社 2014 年版。

《中共中央关于制定国民经济和社会发展第十四个五年规划和二〇三五年远景目标的建议》，人民出版社 2020 年版。

二、学术著作

习近平：《之江新语》，浙江出版联合集团、浙江人民出版社 2007 年版。

中共中央组织部党员教育中心：《美丽中国：生态文明建设五讲》，人民出版社 2013 年版。

杜秀娟：《马克思主义生态哲学思想历史发展研究》，北京师范大学出版社 2011 年版。

孙道进：《马克思主义环境哲学研究》，人民出版社 2008 年版。

郝清杰、杨瑞、韩秋明：《中国特色社会主义生态文明建设研究》，中国人民大学出版社 2016 年版。

王雨辰：《生态学马克思主义与生态文明研究》，人民出版社 2015 年版。

陈家宽、李琴：《生态文明：人类历史发展的必然选择》，重庆出版社 2014 年版。

杜向民、樊小贤、曹爱琴：《当代中国马克思主义生态观》，中国社会科学出版社 2012 年版。

王明初、杨英姿：《社会主义生态文明建设的理论与实践》，人民出版社 2011 年版。

于晓雷：《实现中国梦的生态环境保障：中国特色社会主义生态文明建

设》，红旗出版社 2014 年版。

薛建明：《生态文明与低碳经济社会》，合肥工业大学出版社 2012 年版。

茅迪：《文明的觉醒：迈向生态文明时代》，中国书籍出版社 2016 年版。

李正希、靳国良：《低碳生态观：低碳发展与生态文明的中国梦》，中国经济出版社 2015 年版。

刘希刚、徐民华：《马克思主义生态文明思想及其历史发展研究》，人民出版社 2017 年版。

李海涛等：《新时代中国特色社会主义发展战略》，人民出版社 2019 年版。

《姜春云调研文集：生态文明与人类发展卷》，中央文献出版社、新华出版社 2010 年版。

余谋昌：《生态文明论》，中央编译出版社 2010 年版。

陈学明：《生态文明论》，重庆出版社 2008 年版。

［美］约翰·贝拉米·福斯特：《生态危机与资本主义》，上海译文出版社 2006 年版。

［美］艾伦·杜宁：《多少算够？——消费社会与地球的未来》，吉林人民出版社 1997 年版。

［美］蕾切尔·卡森：《寂静的春天》，上海译文出版社 2008 年版。

［美］丹尼斯·米都斯等：《增长的极限——罗马俱乐部关于人类困境的报告》，吉林人民出版社 1997 年版。

［美］菲利普·克莱顿、贾斯廷·海因泽克：《有机马克思主义——生态灾难与资本主义的替代选择》，人民出版社 2015 年版。

［美］詹姆斯·奥唐纳：《自然的理由：生态学马克思主义研究》，南京大学出版社 2003 年版。

［美］利奥波德：《沙乡年鉴》，吉林人民出版社 1997 年版。

［英］乔纳森·休斯：《生态与历史唯物主义》，江苏人民出版社 2011 年版。

［英］布雷恩·威廉·克拉普：《工业革命以来的英国环境史》，中国环境科学出版社 2011 年版。

三、报刊文章

习近平:《推动我国生态文明建设迈上新台阶》,《求是》2019 年第 3 期。

习近平:《努力建设人与自然和谐共生的现代化》,《求是》2022 年第 11 期。

孙金龙:《肩负起新时代建设美丽中国的历史使命》,《求是》2022 年第 4 期。

孙金龙、黄润秋:《加强生物多样性保护 共建地球生命共同体》,《求是》2021 年第 21 期。

黄承梁:《树立和践行绿水青山就是金山银山的理念》,《求是》2018 年第 13 期。

王金南:《以习近平生态文明思想为引领推动我国生态文明建设迈上新台阶——科学把握生态文明建设的新形势》,《求是》2018 年第 13 期。

周宏春:《新时代推进生态文明建设的重要原则》,《求是》2018 年第 13 期。

任勇:《加快构建生态文明体系》,《求是》2018 年第 13 期。

张建龙:《树立和践行绿水青山就是金山银山理念》,《求是》2018 年第 18 期。

习近平:《以美丽中国建设全面推进人与自然和谐共生的现代化》,《求是》2024 年第 1 期。

郇庆治:《社会主义生态文明观与"绿水青山就是金山银山"》,《学习论坛》2016 年第 5 期。

《中共中央国务院关于全面推进美丽中国建设的意见》,《人民日报》2024 年 1 月 12 日。

习近平:《共谋绿色生活,共建美丽家园》,《人民日报》2019 年 4 月 29 日。

习近平:《携手构建合作共赢、公平合理的气候变化治理机制——在气候变化巴黎大会开幕式上的讲话》,《光明日报》2015 年 12 月 1 日。

习近平:《携手建设更加美好的世界》,《人民日报》2017 年 11 月 2 日。

《让绿水青山造福人民泽被子孙——习近平总书记关于生态文明建设重要论述综述》,《人民日报》2021 年 6 月 3 日。

人民日报评论员：《新时代推进生态文明建设的重要遵循——二论学习贯彻习近平总书记全国生态环境保护大会重要讲话》，《人民日报》2018年5月21日。

光明日报评论员：《加快构建生态文明体系》，《光明日报》2018年5月22日。

李军：《走向生态文明新时代的科学指南》，《人民日报》2014年4月23日。

滕祥河、文传浩：《"共抓大保护，不搞大开发"的现实依据及深刻内涵》，《光明日报》2018年7月10日。

牟永福：《树立和践行绿水青山就是金山银山的理念》，《河北日报》2018年7月20日。

黄宝荣：《建立健全绿色低碳循环发展经济体系》，《经济日报》2020年8月21日。

陈光炬：《把握和践行绿水青山就是金山银山理念》，《光明日报》2018年9月10日。

后　记

本书以习近平生态文明思想为指导，全面贯彻党的二十大精神，坚持理论与实践的统一、历史与现实的统一，紧紧围绕新时代生态文明发展战略这一基本问题，全面阐述以习近平同志为核心的党中央在新时代坚持和发展社会主义生态文明的战略谋划和决策部署，为新时代新征程推进社会主义生态文明建设提供理论参考和辅导读本。

本书由国防大学国家安全学院孙岩和国防大学政治学院苏玉分工合作完成。孙岩提出全书的大纲并撰写了第一、五、六章，苏玉撰写了第二、三、四章。在写作过程中，得到了国防大学国家安全学院副院长李海涛、郭海军主任、颜旭副主任、高宁副教授、王一新副教授、陈中奎副教授的关心和帮助。人民日报出版社的葛倩编辑提出了重要修改意见。在此一并表示感谢。

本书写作过程中，参阅了很多中外论著，参考文献所列难免有所遗漏，在此对相关作者表示衷心感谢。

新时代生态文明发展战略是一个十分宏大的话题，加之我们水平有限，虽尽力而为，但书中仍难免有疏漏和不妥指出，敬请广大读者批评指正。